女生励志书

为梦想奋斗和坚持的日子很美

人生是个不断积累的过程，所有的成功都不是空中楼阁。那些牢固的基石，都要靠着年轻时的努力来一点点打下。

有时候一个笑容,便可让你拥有花容月貌,因为我们的眼睛,会受到心情的蛊惑。愿你腹有诗书,也面如春花。愿你才高八斗,也倾城倾国。

真正的遗憾不是窘迫的现状,而是放弃自己最想要的那种人生。逆袭的故事从来都只是小概率事件,但让人难以释怀的,通常不是失败,而是从未为梦想抗争过。

女生励志书

愿所有姑娘，
都能嫁给梦想

May all girls
marry with dream

婉兮
作品

吉林摄影出版社
·长春·

女生励志书②

图书在版编目（CIP）数据

愿所有姑娘，都能嫁给梦想 / 婉兮著. -- 长春：吉林摄影出版社，2018.8
ISBN 978-7-5498-3753-3

Ⅰ.①愿… Ⅱ.①婉… Ⅲ.①女性 – 成功心理 – 通俗读物 Ⅳ.①B848.4-49

中国版本图书馆CIP数据核字（2018）第197175号

愿所有姑娘，都能嫁给梦想　YUAN SUOYOU GUNIANG, DOUNENG JIAGEI MENGXIANG

出 版 人	孙洪军	印　张	8.625
主　　编	顾　平　杜普洲	版　次	2018年8月第1版
责任编辑	施　岚	印　次	2018年8月第1次印刷
总 策 划	徐　晶	出　版	吉林摄影出版社
特约策划	吴珊珊	发　行	吉林摄影出版社
设计总监	资　源	地　址	长春市泰来街1825号
特约编辑	吴珊珊		邮　编：130062
封面设计	资　源	电　话	总编办：0431-86012616
美术编辑	郭　宁		发行科：0431-86012602
发行总监	王俊杰	网　址	www.jlsycbs.net
封面摄影	赵先虹	经　销	全国各地新华书店
开　　本	889mm×1194mm 1/32	印　刷	天津中印联印务有限公司
字　　数	180千字		
书　　号	ISBN 978-7-5498-3753-3	定　价	36.00元

版权所有　翻印必究
（如发现印装质量问题，请与承印厂联系退换）

代 序 余生有幸，得你相伴 | 001

01 Chapter
不辜负自己，莫错过流光

那年我18岁，我以为我可以上北大 | 002

二十几岁，谁不吃苦受累 | 008

我信命，但不认命 | 014

抱歉，成功从来没有速成这回事 | 020

逆境才是你的最佳增值期 | 025

有一种人，做什么都差不到哪儿去 | 032

过得好当下，未来就不会太差 | 038

你怎样打发时间，时间就怎样打发你 | 044

能让你真正安稳的，从来都不是一份工作 | 050

姑娘，你凭什么不将就 | 055

最好走的路，其实就是读书 | 062

02 Chapter
愿你从此爱情温软，余生温暖

吃货的爱情故事 | 068

成长因我爱你而开始 | 080

一个人的幸福和价值，不由爱情来决定 | 085

我和高中同学结婚了 | 090

请允许我用自己的方式来爱你 | 097

不稀罕在宝马里哭，但也不想在自行车上笑 | 103

好好学习，将来才能嫁个好人家？ | 111

我为什么希望你嫁给爱情 | 117

你是谁，你会嫁给谁 | 124

我要的不是钱，而是重视的感觉 | 131

最完美的爱情，是爱上不完美的你 | 137

 Chapter

爱自己，世界才会更爱你

谈钱伤感情？不谈更伤 | 144

为什么要好好吃饭？这是我听过的最好的答案 | 149

学不会"断舍离"的人，很难过好这一生 | 155

那些比你穷的人，为什么过得比你好 | 161

照顾好自己，才是最根本的孝顺 | 167

有件事儿和读书一样重要 | 173

别让身体拖累你的人生 | 179

我节俭，不代表我廉价 | 185

有趣的灵魂太少，忙碌的躯体太多 | 189

做到这五件事，才算真正的富养自己 | 194

04 Chapter
余生很长,不必慌张

长大后,我们都活成了至尊宝 | 202

生死之外无大事 | 208

你最后悔的事情是什么?这个调查看哭无数人 | 214

别把俗世推得太远 | 220

当年发一整天短信的人,如今不在朋友圈 | 227

没有故事,就是最好的故事 | 233

成长之痛,放下才能远行 | 238

我的奶奶不识字,但她过好了这一生 | 245

对不起,我不做第二个某某某 | 250

儿时羡慕白素贞,现在只想做许仙他姐 | 256

余生有幸,得你相伴

  我从没想过,会娶一个写书的姑娘做老婆,更没想过,这姑娘是个身体孱弱的"林黛玉"。

  其实我和诸位一样,也是先看到了她的文字,才认识了她这个人。

  那是2015年的事儿了,我从本地的直投杂志里看到一篇软文,写得行云流水、意境深邃,好看得不像一篇广告。

  读着读着,我就对作者产生了好奇,以及好感。

  "一定要把这位作者请过来,帮我写文案!"我暗暗下定决心。

  恰巧那家杂志社的老板和我很熟,他邀请我加盟,担任视频剪辑,我心思一动,便放下了自己正在筹备的公司,欣然去了。

  然后,婉兮活生生地出现在我面前。

  你猜我对她的第一印象是什么?她文静?清秀?

  不,应该是瘦,很瘦!瘦得有让人想倾力保护她的冲动,这冲动是从心底发出的。后来我才知道,她是移植病人,已经经受了长达三

年的病痛折磨。我能想象她经历了什么，无奈、痛苦、绝望……

于是，我把心底的冲动转化成行动，做饭、接送……后来，我在夏至前一天承诺，要照顾她一生一世。

做了她的男朋友之后，我很快发现了她的灵气和才气，于是鼓励她写作投稿，把曾经的梦想继续下去。

我是一定要娶她的，也愿意一直养着她。可我又觉得，这样一个才华横溢的姑娘，不应该只有"高太太"这一个标签，她能做且应该做的，还有很多很多。

那会儿自媒体刚刚兴起，她想去一个培训班上课，但报名费高达5000元。她犹豫了，我得知后，便毫不犹豫地替她缴费入学，我希望她发光发热，更希望她开心快乐。

就这样，我们平平淡淡地把日子过到了2016年5月20日。

那天，我们结婚了。

婉兮，是一个外在柔弱，内心坚强的姑娘。

从病痛中走出来的她，对生命尤为尊重。她说，我算是半血复活，不知道什么时候，头顶的达摩克利斯剑便掉了下来，所以要把有限的时间和精力都放在有效的工作和生活中。

对普通人而言，每一天的工作，重复而枯燥，可对她来说，每一天的工作，都是上天的厚待，是时间的福利。作为婉兮的丈夫，我见证了她每一篇稿件的诞生，也见证了这本书的创作过程。

每一篇文稿，每一段字句，都需要从灵魂深处迸发，带着她对这

个世界深沉的热爱，一字一句都能生出灵气一般。

婉兮把对生活的所有热爱都奉献给文字，她朋友不多，几乎从来不去娱乐场所玩乐。我们在一起三年，我只见她去过两次KTV（唱歌的娱乐场所），第一次是招待远方来客，第二次是我们结婚那天。大部分时候，她都窝在书房里写文章或窝在沙发上翻书，不爱看电视，也不爱出门。

但她真的不是你们想象中的不食人间烟火的小仙女，她作得很啊，会发脾气、会耍赖，尤其是对美食难以抵抗。

每当灵感枯竭写不出东西，或是临近交稿日期抓耳挠腮，她就会连哭带闹软硬兼施，逼着我领她去吃腊肠、吃铁板烧、吃烤鱼。

但这些玩意儿，对婉兮这位肾移植患者来说，好像是不应该觊觎的。

"对身体不好！"这便是我直截了当的回复，她却一个白眼甩来，甚至可怜巴巴地撒娇，"一个品种只吃一点点，剩余的全归你。"

我便哑然失笑，你看，这位文章里满满正能量的小姐姐，也不过是一个有七情六欲，知酸甜苦辣的肉体凡胎。

为什么一定要写作呢？有时我会这么问她，她嘻嘻一笑："有两个原因，第一是为了生存，第二是为了回报社会。"

从某个角度来说，是社会帮助婉兮获得新生的，所以她想用自己仅有的东西来回报，把对生活的感悟写在文字里，希望更多的人看到。于是她笔耕不辍、孜孜不倦，写得疲倦，却能从中感知乐趣。

这本《愿所有姑娘，都能嫁给梦想》，其实就是她对人生的思考

与感悟，算是写给所有平凡年轻人的一本枕边读物，字字句句都有温度、有力量。愿每一个翻开此书的人都能认真品读，相信我，你会有所收获，因为作者是个经历过生死考验与生活磨炼的人。

不是有人说"江山不幸诗家幸"吗？其实这句话也不太合适，因为所有的幸与不幸都加诸她一个人身上。尿毒症与肾移植，是她一个人的命运，即使作为丈夫，我也无法分担。好在，她有文字。

所以我就心甘情愿地去做作家的丈夫，哪怕她会有气撒有火发，垃圾桶和出气筒，我都一一受着。毕竟她毫无顾忌地依赖着我，才会无所顾忌地朝我"开火"。更何况她还是个病人呢？

虽然做了肾移植，但药物必须终身陪伴着她。因为服用激素，她的体重和体形都在两年中猛涨，对爱美的姑娘来说，这真是个巨大的烦恼。此外，心率快、腹泻这些小问题也时不时地"光顾"，她蔫巴巴地躺在床上，却惦记着没写完的稿子。

每天六点起床，叮叮咣咣的键盘声敲开黎明的曙光，昨天的梦还萦绕在脑海，今天继续。当我从厨房里端出一碗小米粥，一个鸡蛋，一碟小菜时，她还是一如既往地说："哇，今天又有好吃的噢！"

我很幸运，能和婉兮相伴一生。也愿她的文字，能够相伴各位读者的一生。

感恩各位对我妻子的支持与帮助，祝安康喜乐！

婉兮的丈夫：高先生
2018年7月22日写于昆明

不辜负自己，
莫错过流光

　　成长之所以残酷，是因为它要将你不断地打破，这个过程充满疼痛和伤痕。可成长的美丽之处，正在于打破之后的重新塑造。

　　而那个重塑新生的你，宛如破茧之蝶。

那年我18岁，
我以为我可以上北大

1

高考是我遭遇的第一个坎，在此之前是顺风顺水的少年时代，我以为等在未来的，会是永无止境的鲜花和巧克力。

当年的我，算得上一个不折不扣的学霸。

最好的一次月考成绩，我拿了657分，这个数字，令我终生难忘。因为它在某种程度上，代表着国内一流大学的录取通知书。

几乎所有人都在用"一考定终身"来激发我们的内在潜能，学习成绩也似乎是走向美好人生的唯一资本。而我始终处于年级前十的名次，这让我对自己的光明前程深信不疑。

可谁也没料到，这样一个众望所归的我，却考出一个不尽如人意的分数。

其实也不算太低，已超过一本分数线20多分，可接下来，我又

在志愿填报上失误，这意味着未来的四年，心高气傲的我将被打发到一所非著名大学的弱势专业。

许多人劝我复读，可我怕锥心刺骨的月考排名，更害怕自己会陷入"一而再、再而衰、三而竭"的境地。于是不得不打点行装，朝着那座意料之外的城市而去。

火车轮与铁轨单调地敲击着，我用沮丧铺成一千多公里的惆怅，以一种落第举子式的忧伤，奔赴一个混沌不明的前途。

那时我还太年轻，狭小的世界被高考轻而易举地撑破，总觉得自己全盘皆输。

到了现在，我想对18岁的自己说："高考失败真的没什么，毕竟，未来还那么长！"

我用了整整一年来平复伤痕，其实少年也识愁滋味，只是那愁绪是轻飘飘的，落到中年人的厚重眼神里，便有些矫情。

可那迷茫又是实实在在的，经历过的人都懂，就像选了一条自己不怎么喜欢的路，前面大雾漫天，看不清未来，但你得硬着头皮往前走。

到了大二才猛然醒悟，因为一等奖学金没有我的份。我忽然意识到，在这样一所普通大学，如果做不到出类拔萃，我将永永远远地泯然众人。

所以我在余下的三年里发愤图强，做了学校的学生记者，将专业知识立竿见影地学以致用，同时认真上好每一堂专业课，学分总是名列前茅。

到了大三时，我已经算是校园里一个不大不小的名人了。那年我升任记者团团长，无缝对接学校宣传部，在各类大小活动上露脸，颇有些春风得意马蹄疾的感觉。

前途在握的感觉又回来了，我知道自己已在保研名单内，也可以找到一份前景不错的工作。无论走哪一步，这一生应该都不至于太糟糕。

对我来说，大学四年的最大收获，是用实践证实了一个简单浅显的真理：

努力了不一定成功，但不努力一定不成功。

可我没把天灾人祸算在内，意气风发的我，还未察觉到灾难已在我的身体内部悄悄潜伏、发酵。

年轻时，你永远猜不到未来的路有多崎岖，你也永远不知道，前方有多少危机在蠢蠢欲动。

发病的时候，我正在实习，距离毕业还有三个月。

初春的昆明樱花盛放，我在新单位也做得如鱼得水。我的父亲，已经计划着为我筹一笔款子，买下单位的福利房，给我的余生拉开一

01 不辜负自己，莫错过流光

个安稳幸福的序幕。

未来似乎已在这座四季花开的城市徐徐绽放。

可是一连好几天，我都感觉到令人窒息的胸闷和疼痛，到了医院一查，却发现血压高得惊人。那时我还不知道，青壮年人群的高血压就是大病前兆。

但第六感已经把危机准确无误地传达给我，我还不知道自己得了什么病，却在回程的公交车上号啕大哭。我旁边坐了一个50多岁的大妈，那天她拍了我的肩，握了我的手，用一个陌生人的温度，安慰了我的惊慌失措。

我的病，在三年的煎熬后看见希望，此时我已辗转四五家医院，终于从尿毒症的病魔阴影下逃出，带着来自别人的肾脏存活于世。

可是在等待肾源的两年里，我最常梦见的，却是高考考场。我梦见自己还没开始复习就进了考场，面对着试卷左右为难，为前途未卜的明天涕泗横流。

醒来后，总是怅然若失，原来我一直对当年的失败耿耿于怀，或许是因为眼前那种无能为力的状况，让我的潜意识一遍遍地返回人生的第一个低谷期，试图与命运的种种刁难达成和解。

然后，我想明白了另一句话：人生不如意事，十之八九。

得病和考不上北大一样，都是我从未预料到的不可承受之重，可它既然来了，我就只能直面一切。是谁说的，如果命运一定要给我什

么，我就接受它。

一个人的抗挫折力，就是他的创造力和生命力。

今年的6月7日，我路过高考考场，看到一群焦虑等待的父母。那些母亲们穿着旗袍，寓意旗开得胜。父亲们则身着马甲，代表马到成功。

我停下脚步，站在肃穆的家长中，猛地想起来，9年前的今天，我的爸爸也是这样虔诚、庄重地候在考场外，等待着奋笔疾书的我。

我们都以为那是寒窗苦读的结束，却迎来了一个颠沛流离的开始。

在此之前，我只需要用勤奋来获得高分。在那以后，我必须用坚韧、坚强和坚守去换取生存筹码。

好在现在的我，早已从当年的沮丧里抽身而退。在经历过大学历练和生死洗礼后，高考失败带来的那点儿悲伤简直是不值一提。

但当年的伤心欲绝都不是假的，因为在那有限的经历和认知里，这已是生命无法承受的重中之重。

当你真正长大，你会明白，生命的华美长袍下布满虱子，高考升学，只是其中最不起眼那一只。

那个为了考不上北大而痛哭流涕的我，终将会被这个战胜病魔的我取代。

成长之所以残酷，是因为它要将你不断地打破，这个过程充满了疼痛和伤痕。可成长的美丽之处，正在于打破之后的重新塑造。

而那个重塑新生的你，宛如破茧之蝶。

二十几岁，
谁不吃苦受累

1.

阿如姐姐，是我身边活得最精彩的女生之一。

她经营着本地名气最大的婚纱摄影机构，客人来来往往、络绎不绝，在隔壁两个市也都开了分店。算不上日进斗金，却绝对是创业的成功典范。

一年前，我去她的影楼拍婚纱照，只见她笑意盈盈地坐在前台，长发梳成高高的发髻，露出细长的脖颈，一条简单的珍珠项链和黑色连衣裙，却衬得她高雅端庄，丝毫不见女商人的市侩精明。

巧的是十多天后，我又在一个诗歌朗诵会上遇见了她。那天她穿一身淡紫色的旗袍，将一首戴望舒的《雨巷》演绎得淋漓尽致。我坐在台下看，只觉得这个年过四十岁的女子，依旧有颗高贵美丽的诗心。难怪她的眼神那么柔和，举止那么端庄。

后来我们慢慢熟悉了,她会不时推荐几本书,或是邀约我去游泳、练瑜伽。我去过她家几次,见她烤了蛋糕、泡了茶,用精美的陶具盛出,摆放到花木葳蕤的小阳台上,实在赏心悦目。

我们谈古说今,她见解不俗、妙语频出,让人听之忘俗。

我暗自猜想,她应该出身于书香世家,自小被精心教养,学着钢琴吟着诗,始终都被命运优待着。那时我觉得,只有被优越物质和富足精神同时滋养的女孩,才有可能长成气度不凡的模样。

可是,我错了。

原来,阿如姐姐这么优雅、从容如诗一般的女人,也有灰头土脸、奔波劳碌的二十几岁。

她出生在穷苦山村的一户普通农家,品学兼优,却拿不出高中学费,不得不放弃大学梦,委屈自己去读中专。

想不到的是那年政策剧变,国家不再给中专毕业生分配工作。她好不容易才进了一家幼儿园做老师。为了还清读书时欠下的3000元贷款,阿如姐又利用下班时间和周末去做婚礼司仪,当时跑一场能挣40元钱。一年后她终于还清贷款,两年后,拥有了人生第一个一万元。

后来她遇到了她的真命天子,是个热爱摄影的男人。那是20世纪末,小城市的婚纱摄影之风刚刚刮起。敏锐的阿如姐意识到了商

机，便向亲朋好友借了5万块钱，和丈夫开了一家婚纱摄影店。不幸的是创业之初经营不善，他们第一年就赔了近10万元钱，还欠了员工工资，生活一下子跌进深渊。

为了早日还清债务，夫妻俩卧薪尝胆，摆地摊、卖冰棍、卖烧烤什么都干。那段日子，他们总要等到天快黑了，才摸去菜市场买一毛钱一斤的剩菜，一周吃一次青椒肉丝就算改善伙食。当时她身怀六甲，到了临盆之际，只得厚着脸皮东拼西凑了两千元钱，住进了医院……

生完孩子后，阿如姐却义无反顾地到发达城市考察取经，学习别人的影楼经营理念和营销策略，一年后终于扭亏为盈，赚到了人生第一桶金。

那时，阿如姐已经过完三十岁生日。她把明媚鲜艳的二十几岁，都投入到了创业的艰辛与生活的不易中。可是说起来时，她总对当时的自己充满感激。

二十几岁敢想敢做，也足够吃苦耐劳，才有资格迎来三十岁的丰衣足食，四十岁的优雅从容。

当下的每一步，都是未来的基石与铺垫。人生没有白走的路，也没有白吃的苦。

❸

对很多人来说，二十几岁，真的不是一段光辉岁月。

01

不辜负自己，莫错过流光

初出校门，经验不足。工作上跌跌撞撞，生活里懵懵懂懂，情感中患得患失。因为我们初来乍到，对这个光怪陆离的成年人世界心怀敬畏。要一点点学习做事做人，还得处处小心，时时谨慎，真的不会太轻松。

首先要面对的，当然是穷。

我的闺蜜桃子，上班第一年月薪不足两千。她不好意思向家里伸手，只得节衣缩食，一双板鞋穿到漏水也不舍得换。下雨天蹚着水去上班，两只脚湿淋淋的，却装得若无其事，与同事谈笑风生。

你肯定也有过这样窘迫无奈的时候，为房租水电费操心，斤斤计较着一份盖饭和炸酱面的价格。可当父母打电话来问时，又大声笑着说"我过得很好"。

其次要面对的，是工作压力。

毕业那年我在一家国企实习，大部分工作是整理老师的讲话稿。这位老师喜爱发表长篇大论，一讲就是两三个小时，说的都是很难听懂的方言。我常常听着录音发蒙，既弄不清他的语音，也搞不懂那些专业词汇。为了在规定时限内整理出稿子，几乎牺牲了自己所有的休息时间，做得一把鼻涕一把泪。

但这只是开始，接踵而来的采访和稿子几乎填满了我的未来十年，直到现在，我依旧苦苦跋涉在这条道路上，我常常想到王小波的那句话：

"当年我21岁，在我一生的黄金年代，我有好多奢望。我想

吃,想爱,还想在一瞬间变成天上忽明忽暗的云。"

我也想吃,想爱,想变成自由自在的云,可没有一片广袤天空,去供我无忧无虑。

❹

和我一样的年轻人,城市里一抓一大把,谁没有过囊中羞涩与辗转难眠过?我们这一群人的二十几岁,几乎都泡在工作的紧张与忙碌里,为生活、梦想和未来用尽全力。

其实许多人的长大成人,都是从离校后的二十几岁开始的。我们独自面对这个世界的风刀霜剑后,真正理解了父辈的艰辛不易,懂得用一个成年人的姿态,去努力奋进,坚持隐忍。破茧成蝶的美丽,其实正孕育在蜕变的痛苦里。

二十几岁,本就是吃苦的年纪。所谓的年轻就是资本,并不只是娇艳欲滴的脸庞、青春焕发的躯体,还包括肯吃苦的精神和不怕重来的勇气。

问题只在于,你吃的那些苦,是否能够照亮前进的路。

"故天将降大任于斯人也,必先苦其心志,劳其筋骨,饿其体肤,空乏其身,行拂乱其所为,所以动心忍性,曾益其所不能。"你看,孟夫子早已将道理说明,吃苦的意义,在于从磨难中修炼从前不具备的能力与品质。

张爱玲说,"出名要趁早",但并非谁都天赋异禀。更多平凡

的人生，是一步一个脚印，用今天的辛勤耕耘，去换取明日的果实累累。

人生是个不断积累的过程，所有的成功都不是空中楼阁。那些牢固的基石，都要靠着年轻时的努力来一点点打下。我们所处的时代，绝不是一个对付出视而不见的时代。它的可爱之处在于，它承认你的付出和辛苦。

真正的黄金时代，是春风得意马蹄疾，一日看尽长安花；更是千淘万漉虽辛苦，吹尽狂沙始到金。

我信命，但不认命

1

我在开往昆明的火车上听了一个苗族女孩的故事。

其实也不算女孩了，约莫30岁，穿一身湖蓝色连衣裙，头发盘成一个高髻，露出一小截细白的脖颈。

她坐在我旁边的位置，正和对面的大婶聊天。我东一耳朵西一耳朵地听，慢慢把她的故事拼出了个大概。

姑娘没读过多少书。在那个靠老天脸色吃饭的小寨子里，女人的使命是生儿育女、操持家务。这种思维在她们还是个小女娃时，就被深深刻进骨子里。

但在她十多岁的时候，外出务工的风气猛然刮进了闭塞的山寨。为了赚点儿钱补贴家用，她在14岁时走出大山，去到离寨子最近的一个小城，进了一家小馆子打杂。

那是她第一次进城,第一次感受霓虹灯、公交车、化妆品、公园、抽水马桶,都市里的现代文明猛然击中她的心。

真好呀!她发出感慨,小姐妹们叽叽喳喳地讨论,都说"就算捡垃圾,也必须在城里活下去"。

其实她们干的活,和捡垃圾也差不了多少。这群不懂事的小童工,被老板任意驱使,扣工资更是家常便饭,打骂也偶有发生。

城市逐渐露出残酷的一面。

小姐妹便改了主意,决定攒点儿钱就回家去,嫁个好男人,勤勤恳恳地过日子。

大家都自我安慰:"这就是我们的命,人斗不过天。"

可她不甘心,换了几份工作,认识了几个城里人,开始有意识地兜售家乡特产。她渐渐发现,那些山里的不起眼物件,竟很容易勾起城里人的兴趣,他们把那些漫山遍野都是的东西形容为健康安全的绿色食品。

有个朋友指点她:"你可以试试茶叶买卖。"她一个激灵,毅然拿出不多的两万积蓄,租下一个面积很小的店面,自己做了老板。

但她没有做生意的经验,磕磕碰碰地过了一两年,才慢慢有了盈利。为了打开销路,她又专门学了电脑,开起了网店……

然而就算这样,今天的她也只是个普普通通的小生意人。偶尔去

一趟省城,也只舍得坐火车,一路奔波辛劳着。

讲到这里,她却笑起来:"我这次是去见大客户的,说不定运气就要来啦!"

我转头去看她,尽管细细地化了妆,眼角却也有几丝不易察觉的皱纹。一双不大的手,更布满细小沟壑,不动声色地出卖了她并非养尊处优的事实。

忽然很感慨,我不由自主地多看了她几眼,目光相接时,她便礼貌一笑,温柔而谦和。

我便斗胆下了个定论:她的好运,应该就在不远的前方了。

你信命吗?

如果有人拿这个问题来问我,我一定会点头。

人的出身与成长环境,便是不折不扣的"命"。许多东西被先天决定,我们用"条条大路通罗马"来安慰自己,可有些人就"生在罗马"。

比如,我小时候从没摸过钢琴,但有人生在音乐世家,胎教一直都是柴可夫斯基;再比如,有人生下来就是北京人,你却穷尽一生买不起北京的一个卫生间。

怎么办呢?

朋友阿娇的回答是:"我认了,只能祈祷下辈子生在好地方啰!"

命由天定的说法往往在落后贫困地区大行其道，人们试图通过这样的理论，来为眼前的苟且与艰难寻找一个合适且合理的出口。把错误推给命推给天，所有的苍白无力才有最让人安心的理由。

阿娇就是这样辍学的。父母说："读再多书有什么用呢？反正毕业找不到工作的大学生满街都是，不如先给自己攒点儿嫁妆钱。"

于是她跟着父母种菜卖菜，在18岁那年嫁了邻村的男人。她笑着对我说："反正都是嫁一个种地的，谁都差不多。"

然后就是出嫁、生子、建房，人生大事接踵而来。这个认命的姑娘，真的完全走到了命运提前设定的轨道里去，她学会了讲粗话，不顺心时朝孩子撒气——越来越像她的妈妈。

但偶尔聚在一起，她会流露出一丝丝后悔，感慨地说一句："好羡慕你可以上大学，可以看看外面的世界。"

什么叫改变命运呢？

在阿娇眼里，就是不必耕田种地，不必看婆婆脸色，不必在太阳底下流汗、流泪。

按这个标准来看，我的确亲手改变了自己的命运。

但我，也的确是个信命的人。我和她的不同是不认命。

小时候，我妈跟我说："围着锅台转，这就是你的命！"

我不服，大声反驳她的谬论。那时我刚刚学了点儿"人人平等"

的皮毛知识,也曾想当然地认为自己能够改变世界,成为名垂千古的大人物。

可慢慢长大,就渐渐看清了自身的局限。毕竟我的智商没有爆棚,也没有显赫家世,也不具备倾城倾国之姿……

那我就好好学习,争取考上大学,好好掌握一门谋生技艺,再找份工作、攒钱、买房、买车,过上超越父辈的日子。

你看,当初我的想法多俗气。

可红尘俗世中的人哪,其实正是被这些细小而世俗的欲望推动着一步步往前走的。走得多了远了,那种被称为"命运"的抽象东西,可能就不知不觉地被改变了。

那么,何为命运?

我认为蒋勋老师的说法很精彩:

我们讲命运,"命"跟"运"是两个不同的东西。有一个朋友形容得蛮好,可以参考。他认为"命"是本命,命有点儿像车子,比如你是奔驰车,还是大发车,这是命。"运",是那条路。你可以是奔驰,可是总开在坎坷颠簸的路上,那就是"命"好,"运"不好。你是一辆小破车,可是开在坦途上就是"命"不好,"运"好。

这句来自《蒋勋说红楼梦》里的话,倒让人想起荣国府中的富贵公子来。

他们个个都含着金汤匙出生,却贪图享乐、不学无术,到了大厦忽倾之际,只得随着命运浮浮沉沉。他们的结局,大概也和《金粉世

家》中的金燕西类似,沦落社会最底层讨口饭吃,把一副好牌全部打坏。

但也不乏金榜题名的寒门学士,几家欢喜几家愁的境遇,正说明"命"是天注定的,"运"却能被人力更改的。

客观存在与主观改造的相互融合,才是苦乐交加的整个人生。

所以,正确认识自己的处境,积极改变能改变的那部分,充分利用定量与变量的关系,才能实现真正的"逆天改命"。

抱歉,成功从来没有速成这回事

◆ ◆ ◆

1

在我26岁时,因为手术后必须服用大量激素,整个人就像吹气球似的胀起来。胃口也好得出奇,不到一年,像完全变了个人。

和普通肥胖不一样的是,激素会把所有的肥肉都集中到脸部和腹部。所以半年后,我就彻底变了模样,看起来就像个年近四十岁的胖大妈。

从小苗条的我,当然无法接受这始料未及的胖。

于是,减肥被我马不停蹄地提上日程。我斗志昂扬地办了健身卡,可勤勤勉勉地坚持了十几天,体重却毫无变化。

沮丧至极,我想到了一个极端的简单的能快速降体重的方法:禁食。

听说演员颖儿每天只吃两粒老干妈、舞蹈家杨丽萍几十年不吃主

食，我决定效仿她们，把肥肉迅速消灭殆尽。

于是，我开始了三餐只喝水不吃饭的艰难历程。

瘦是瘦了，两天减了一公斤，可随之而来的是剧烈的胃痛、腹泻以及呕吐。折腾了整整一周，胃口才慢慢好起来，汤汤水水进补了三天，体重回归原位。

健身房教练听说后，哈哈大笑着问我："请问你的肥肉是几天就长成的吗？"

我摇头，他的脸色严肃起来："那你为什么敢指望自己能在几天内瘦下去？"

此话真如当头棒喝，俗话说："不能一口吃成个胖子，自然也不能一天就变回瘦子。"

偏偏有许多人，妄图改变最基本的规律。

这是一个求"快"的时代。

减肥要快、赚钱要快、成名要快，就连结婚生子，都像比赛似的往前赶着。

于是，各种各样的速成班应运而生，有人教你30天流利说英文，有人保证你能迅速从"的""地""得"都分不清的人，一跃成为爆文写手月入十万，飞跑着攀上人生巅峰。

还真有人愿吃这一套，笃信捷径的存在并跃跃欲试。

比如我的读者小林。

中专毕业、小城市前台、样貌中等，小林给了自己三个毫无竞争力的标签，渴望着写作致富的神话也能降临到自己身上。

于是她毫不犹豫地报了一个号称"一个月便能从写作小白变身爆文作者"的培训班，价格不菲，可惜收效甚微。

因为结业的她，依然没写出一篇投稿成功的作品。她哭丧着脸来求助："不知道我是不是智商有问题？为什么你写起来那么轻松呢？"

我直截了当地告诉她："因为我写了将近20年！"

所有"一朝成名天下知"的背后，都是"十年窗下无人问"的艰苦。

其他行业我无法说出个子丑寅卯来，但写作这件事儿，非得一个字一个字地写过去，才能寻找出遣词造句的神秘规律；也只有一本书一本书地读下去，才能练就一颗善于捕捉的敏感内心。

快速发展的世界在消耗人们的耐性。

就连吃饭，我们也习惯了速战速决。

从前煲汤，要认真选料，守着砂锅慢慢炖煮。现在有速食汤，小袋装好，沸水一冲，单薄的香气四散开来。

还有方便面、速溶咖啡，不超过5分钟就可做好，但只能用来欺骗嘴巴和肠胃。

你看啊,一碗上好的汤面,需要时间来熬制汤底;一杯醇厚浓香的咖啡,也需要你腾出空来,将豆子仔仔细细地研磨开,释放它的精华。

几乎所有的好东西,都需要光阴来成全。

包括人。

有个头疼脑热上医院时,大部分人都希望遇到个年纪偏大经验丰富的医生。因为见多识广与丰富的临床经验,往往就是医术精湛的代名词。

我所在的紫陶行业,也数中年以上的拉坯师傅手艺最好。这种讲究眼到、手到、心到的功夫,需要通过无数次练习来铺陈出熟练与精确。

哪怕是一个摆摊卖煎饼的大妈,也必须有几年的厨房经验打底,才敢喊出第一声吆喝。

大部分普通人,其实都没有输给智商与能力,而是败给坚持和时间。

4

有个笑话是这么说的:

从前有个人,因饥饿而一连买了六个饼子吃。但是还不觉得饱,于是买了第七个,刚吃了一半就饱了。

那人很后悔,说:"前六个饼子都白吃了,如果早知道这半个饼

子就能吃饱,我只吃这半个饼子就行了。"

我们觉得好笑,是因为谁都知道,第七个饼子吃一半就饱,是因为前面六个饼子在肚子里打了基础,做了铺垫。

"饱"这种状态,是几个饼子共同积累起来的,而非第七个饼子的功劳。

其实世间大部分事情都和吃饼子一样,需要积累,需要时间的发酵与酝酿。

期限是多久呢?至少一万个小时吧。

我不是胡说,有科学为证:

"在任何领域,取得成功的关键跟天分无关,只是练习的问题,需要练习1万小时——10年内,每周练习20小时,大概每天3小时。"

这是美国畅销书作家格拉德威尔提出的著名的"一万小时定律",也就是说,从平凡到世界级大师,必须要经过至少一万小时的刻苦训练。

我们中的大部分人都生而平凡,基本不存在拼天赋的可能,能拼的也唯有坚持和勤奋而已。

罗马不是一天建成的,还是得静下心来,一步一步走,用时间做基数、用努力为乘数。如此,你才有可能得到自己想要的乘积。

记住,所有的速成都只是不切实际的诱惑。到头来,你只会白白交了智商税而不自知。

逆境才是你的最佳增值期

◆ ◆ ◆

1

14岁那年夏天,我妈出了车祸。受伤的是腿,绑上了重重的石膏,只能在病床上唉声叹气地躺着。

照顾她的任务落到了我身上。

没办法,爸爸必须看顾着田地里的庄稼。奶奶负担着家里的猪和鸡,兼做爸爸的一日三餐。我只好带着暑假作业去了医院,在消毒水的刺鼻味道里皱眉背单词。

暑假一过,初三就来了。这是至关重要的一年,因为考得上重点高中,就意味着半只脚踏进了大学校门;考不上的话,等在前方的就是出门打工的残酷现实。

所以我战战兢兢,唯恐改变命运途中会行差踏错,横生枝节。

可直到开学那天,我妈腿上的石膏都没拆得下来……

课程不能落下,妈妈也不能不管。我思索再三,最后决定照常上课,下课飞奔去医院给妈妈打饭、收拾,晚自习就请假。第二天一大早,再起早赶去早读。

好在学校和医院都在镇上,距离大约两公里,我跑着来来回回,时间倒也勉强够。

记忆中的那段日子很辛苦。可我回想起来时,却只记得每天都起一个大早,太阳跟着我的脚步一路升起来,前方一片光明。

也就是在那时,我学会了在病房中聚精会神地做题阅读,尽量不被情绪影响效率,也更坚定了读书改变命运的决心。

我以为这场事故会拖我的后腿,它却意外地逼出了我的坚韧与坚强。

因为无路可走,当选择为零时,我不得不破釜沉舟,孤注一掷,用努力来赌一个渺茫的明天。

一年后,我以全县第七名的成绩,考上了老家最好的高中。

我认识一位姓肖的学长,大学期间便成立了公司,在校园里招兵买马,将一份小生意拓展成了热气腾腾的事业。

最火的时候,他们甚至创办了自己的DM(直投广告)杂志,人人争相阅读,堪称"洛阳纸贵"。

某次采访,我们聊起创业初衷。他沉默半晌,最终才回答:"开

始时,我只是为了赚点儿生活费。"

肖学长来自富庶的江南,却出生在一个极度贫困的家庭。他至今都在心疼中学时期的自己,端着白米饭坐在角落里,靠着自家腌制的霉干菜,把米饭一口口"哄"进肠胃,填饱肚子。

考上大学后,学费由助学贷款解决,可生活费依然没有着落。他不忍心把重担推给父母,便故作轻松地告诉他们兼职收入很高,完全能够负担生活。

可事实是,家教二十块钱一小时、洗盘子一天能赚三十块钱,他辛辛苦苦只做得到勉强糊口,迫不得已做些小生意。

最早是卖方便面。

许多窝在寝室里打游戏的男生,常常会在酣战之际错过饭点,屁股舍不得挪开座位一秒钟。肖学长忽然心生一计,他批发了一百桶方便面,提供泡面送餐服务。

三天后,泡面售罄,二百块钱入账。

当然有人笑话,可他已经顾不得别人的目光。

一个月后,泡面提供了加蛋加香肠的服务;

一个学期后,两个同样家境困难的同学加入他的团队;

一年后,他们在校外租了店面,卖电脑配件;

两年后,他招了十几个学弟学妹,被当作大学生创业的典范来报道。

我请他谈谈感想,他想了好久,最后才缓缓地说:"我是被逼

出来的,逆境其实是另一种机会,因为你会费尽心思想尽办法地往上走。这是人的本能。"

好一个本能。

③

上班第一个月,小静说她想辞职。

她签了一家工程单位,被分配到办公室做宣传。可宣传部的组建不过半年,只有一个中年大姐领导着她和另一个托关系进来的同事。

活儿自然都堆到了她身上。

领导大手一挥,必须像兄弟单位一样做一份报刊。她领了任务,独自坐在工位上发呆,因为写稿、组稿、编辑、排版设计甚至印刷,都必须由她一手操办。

她找我诉苦,把领导的不切实际与心血来潮吐槽了十几遍,也对大姐和新同事的置身事外咬牙切齿。可也只能硬着头皮干下去,因为她毫无根基,前途、生活甚至一日三餐,全都系在这份让人欢喜不起来的工作上。

那就干吧。小静找来兄弟单位的所有杂志,花了一整天时间翻阅,最终确定出了几个大板块,紧接着又写稿组稿,辛辛苦苦地做完了前期工作。

可问题又来了,她不会排版!

作为一个中文系女生,她能够做到妙笔生花,却对设计一窍不

通。怎么办呢？她火速购买了一份PS（一款处理图片的软件）教程，就着视频边学边做，实在不懂的地方，就耗在贴吧和论坛里不耻下问。

就这样，小静磕磕碰碰地交出了第一期杂志。当然不会有多出彩，但也中规中矩不至于丢了单位的脸，领导也不免对她高看一眼。

后来就轻松多了，杂志一期比一期精彩，渐渐引起了总公司的关注。于是，小静在入职第三年被提拔到了集团的内刊编辑部，平台扩大，收入上涨，皆大欢喜。

山穷水尽往往孕育着柳暗花明，怕什么逆境艰难啊，当你把苦和累都撑过去，自然会打开另一番新天地。

往高处走的路嘛，肯定不会太容易。

我是无意中认识果妈的，她比我还小一岁，靠卖凉米线和卤鸡爪来维持生计。

第一次买她的东西时，她背着孩子来送餐，连爬四楼累得气喘吁吁。我接过东西，好奇地看了她两眼，下意识问道："边做生意边带孩子？"

她不好意思地笑了笑："没人帮忙，只好自己辛苦一点儿。"

初次见面，不便多问。我收了东西付了钱，她便告辞离开。

后来买米线的次数多了，才陆陆续续地知道她是远嫁的外地人，

丈夫原本也有家公司,可经营不善,倒闭时欠了几十万外债。为了还债,丈夫忙得晕头转向,就在那个节骨眼上,她又怀孕生子了。

可公婆都已经不在了,父母也远在千里之外,没人能帮衬一分。

咬着牙把儿子带到半岁,她觉得自己该做点儿什么来分担丈夫的压力。那几年,微信刚刚风靡,微商也才露出些苗头。果妈心思一动,打算用自己最拿手的凉拌食品和卤鸡爪去换钱。

味道还不错,靠着顾客们的口口相传,果妈竟也挣足了生活费和奶粉钱。慢慢地,生意越来越好,夫妻俩齐心协力,终于把欠债还了个七七八八。

前几天,我见她发了一条朋友圈,只有寥寥六个字:天终于要亮了。

再往下翻,依然是她的小食品广告。新增了粉蒸肉、米凉虾、豌豆粉,一看就让人垂涎三尺。

相比从前那个无忧无虑的全职太太,现在的果妈当然更讨人喜欢。因为她有了一份能赚钱也能服务他人的小小事业,虽然这是从苦中熬出来的甜。

有些人是被逆境成就的,困难打磨出他们的筋骨志气,反而能为余生提供些难能可贵的支撑。

5

面对一个初生婴儿时,我们总会由衷祝愿,希望他一生平安、处

处顺遂。

  但我们也都知道，祝愿之所以是祝愿，就是因为不切实际。生而为人，没有谁能彻彻底底躲过低谷，总有这样那样的逆境等在人生路上为难你、摧残你，甚至毁灭你。

  有人就此消沉了却残生，但也有人触底反弹，从尘埃里开出花来。我不歌颂逆境，但向来都钦佩在逆境中获取成功的人。

  因为这样的人往往具备坚强、乐观、负责、永不放弃等美好品质，没有理由过不好这一生。

有一种人，
做什么都差不到哪儿去

1

相识多年的老友回乡，告诉我她准备接手一家客栈，位于古城中心，目前正打算拉投资搞装修，预备赶在小长假前开门迎客。

我大吃一惊，因为她并非酒店行业出身，此前一直在做设计，开客栈需要的经验能力几乎为零。

我小心翼翼地提出质疑，希望她三思而后行，可她却爽朗一笑："没事儿，边做边学，谁又天生就会呢？"

然后，她严肃认真地开了工。

先是拉投资。我们的家乡是座千年古城，近年来旅游业发达，大大小小的酒店客栈如雨后春笋般冒出来。要在强者如云中突围，就必须做出自己的特色，就必须投入大量资金。

朋友对自己的人脉网发起地毯式搜索，又熬了几个通宵做出详尽

的计划书,终于拨动几个投资人的心弦,赶在装修前凑齐了资金。

可她一直都是平面广告设计师,对装修门道并不在行。为了节约成本并达到心仪效果,她又开始盯装修,亲自参与每一个环节。

客栈如期开张,但小长假一过,生意就一落千丈。初次经商的她忙得焦头烂额,各类策划管理运营书籍堆满房间,广告促销方案做了一个又一个……

苦苦熬了将近一年,客栈终于扭亏为盈步入正轨。她舒了一口气:"对得起股东了,原来转行也没那么难,哈哈!"

我觉得她说错了。

转行一点儿都不容易好吗?对大部分人来说,跨领域发展简直难于上青天。

毕竟改变就意味着困难。

我的这个朋友,倒有点儿像电视剧里的励志主角——大长今。

长今原本是御膳房的宫女,其味觉敏锐独特,对烹饪极有天赋,也很享受油盐酱醋之间的调和搭配。她原本以为,自己能凭着勤奋好学与踏实肯干,一步步晋升为御膳房最高尚宫。

但意外却比明天先来。

风云诡谲的宫廷争斗将无辜的长今卷入其中,她被发配到济州岛,也意外获悉父母的冤情。她开始想方设法返回王宫,以求为韩尚

宫和父母申冤。

路只有一条,那就是通过医女选拔。对自小浸染在柴米油盐中的长今来说,这绝非易事。

那就以学习的心态,从头再来。

长今怀着这样的信念背诵医学典籍,跟着老师四处出诊,一点点积攒经验,成为行医救人的另一个长今。

最终她如愿回到宫廷,以精妙的医技赢得君王首肯,为父母师长洗刷冤屈,自己也成长为其历史上唯一一位女性御医。

长今这样的人,做什么都差不到哪儿去。

厨师做得、医女做得,和心上人离开宫廷之后,想必她也有能力处理好夫妻、家庭的关系,将妻子和母亲的角色都驾驭得游刃有余。

因为任何一种职业,考验的都是能力。但能力并非是恒定不变的,它可以由内在的信念和毅力支撑,做出顺应时势的改变。

当然,这种改变通常都是正向的、积极的。

具备这些条件的人,即使把他扔进撒哈拉沙漠,他也有力量重新开始。

❸

人生的最理想状态,当然就是一生只做一件事,用所有的时间和精力来浇灌同一个梦想。

这样的人是幸运的。

而我国的"汉语拼音之父"周有光,就没那么幸运了。50岁那年,组织通知他到中国文字改革委员会工作。

讲真,这是个很强人所难的决定。因为周有光是学经济学出身的,大半辈子都在研究西方经济学,几乎每天都在和银行、金融打交道。

他为难地说:"我是业余搞语言学、文字学的,我是外行,留下来恐怕不合适。"

领导回答:"这是一项新的工作,大家都是外行。"

于是他便放下经济学,一头扎进了汉语拼音中去。兢兢业业地干了三年,他用"既来之,则安之"来安慰自己,这个"安"不是安静的意思,是要认认真真工作、真正改行,深入语言学和文字学的研究。

结果造福了无数后来人,比如我。写下这篇文章时,我运用的拼音打字法,也正基于周老当年的研究基础。

晚年时,周有光说:"人生很难按照你的计划进行,因为历史的浪潮把你的计划几乎都打破了。"

假如计划真的被打断,我们需要做的,或许就是像周老一样,安然接受一切,抱着从零开始的心态认真学习。

我认识一位工人出身的紫陶装饰师,便是在工伤之后毅然拿起的画笔,那年他已经四十好几岁。

十年辛苦学习后,竟也在本地艺术圈内闯出些名堂。人到中年,

重新找回梦想和希望。

4

大四那年,来到我们学校招聘的,几乎都是工程单位。

面向文科学生的岗位通常很少,大多HR(人力资源)都只顺带着招一两个文秘、出纳、库管、后勤。最初,许多同学都一脸嫌弃,无法接受这些一点儿都不高大上的岗位。

那时我们年轻,对工作的定义是职业套装高跟鞋,与一切光鲜亮丽的词语紧密相连。尤其是我们这些新闻专业的同学,大多做着"无冕之王"的美梦,对下工地写材料完全不屑一顾。

辅导员劝我们:"哪儿有那么多的对口工作?其实许多毕业生的第一份工作,都和所学专业没有太紧密的关联。你们在大学里的最大收获,并不是满足某个工种的具体要求,而是贯穿一生的学习能力和态度。"

这句话振聋发聩,在我脑海中回响了许多年。

后来我进入实习单位,直接领导是个姓胡的中年妇女,她带着我们筹备职工代表大会,布置会场、写材料。

我笃定她是文科出身,偶然闲聊,竟得知她只有中专学历,最初在工地开挖掘机,又被调回机关做出纳,也管过后勤,最后才接手宣传。

我吓了一跳:"女孩子开挖掘机?怎么吃得消?"

"那有什么办法？学呗！这是你的工作，总不能不干吧？"胡姐却不以为然，自顾自安排着会议流程，对我的一惊一乍嗤之以鼻。

我一怔，忽然想起辅导员的那番话来。

或许真的有一种人，干什么都差不到哪儿去。也只有干什么都不差的人，才可能获得更多的机会，走得更远。

因为他们的意志始终足够坚决、学习态度足够坚定，也练就了足够的诚心和毅力。

过得好当下，
未来就不会太差

1

婚后第一年，我的焦虑达到巅峰。

因为太穷了。

我和高先生是裸婚，不对，连裸婚都不如。

领证那天，我们一无所有。两个人在楼下的小店叫了三个炒菜，然后手挽手回到租住的小屋，四目相对，"嘿嘿"傻乐。

没钱办婚礼。

可当时的我，对婚纱、婚房、婚礼甚至蜜月都有强烈的执念。原谅我的虚荣心吧，我从生死边缘逃回来不久，太需要一场盛大的典礼来开启侥幸捡回的余生。

也不能指望父母。

我爸妈还在还给我治病借的债，公公婆婆的积蓄刚刚投进高先生

的小公司。无奈之下,我们用三张信用卡套现,举办了一场稍显简陋的婚礼。

等到喧嚣退去,生活重归平淡,债务压力蜂拥而至,入不敷出成了家常便饭。而与贫穷如影随形的,往往是焦虑、急躁、风波迭起。所以那一年,我们是贫贱夫妻,为未来战战兢兢。

好在心急归心急,我们都不敢对生活懈怠。

我开始把写作当作上班之外的严肃事业来做,像大学时代一样,要求自己每天至少写1000字用来更新。8个月后,我接到第一条广告,挣了200块钱。

高先生在公司倒闭后颓唐了一段时间,又开始披星戴月地接单子做设计。有时候,一个小单只能赚几十块钱。

这样的生活持续到了2018年春节,我们还清了大部分债务,这才把买房和生孩子提上日程,看到了曙光乍现。

现在,我已经不害怕未来了。

因为当下的每一天都过得充实而有意义,这些脚印连在一起,就是迎接未来的最大底气。

大学时,我听到的最高频词汇,是迷茫。

这些刚刚离家的年轻人,心里有人多渴望仕友酵,未来有一千种设想,但也因此诞生了一千种茫然。

前方笼罩着漫天大雾,影影绰绰地看不清晰,也不知道要如何走到未来去。

更可怕的是,许多人都在告诉你,大学生不值钱。金融危机背景下的经济萧条,似乎也在印证这些人心惶惶的传言。毕业即失业?那是我们每个人的噩梦。

但也有人不慌不忙,比如我的学姐小敏。

小敏是个学霸。我认识她的时候,她已经连续三年包揽年级第一,把国家奖学金收入囊中。但她并非是一个只知道泡图书馆的书呆子,那些年她在校报也做得风生水起,还没毕业就已经写过几乎上百篇通讯……

所以当她考上名校研究生,当她拿到让人羡慕的offer(录用信),我真的一点儿都不意外。

我们常说命运无常,前途未卜,可事实上,你如今的一言一行、一点一滴,都暗示了未来与结局。

怕什么山高水长?你只管认真走好脚下每一步,走着走着,路就明晰了,雾也就散了。

3

当然,焦虑是常态。

小学生害怕考不上重点中学,中学生唯恐进不了重点大学,大学生则为"毕业即失业"而焦头烂额。

我身边有一群人,却是为了生死而焦虑。

你们知道的,我换过肾。可这外来器官保不得一世平安,它可能会在未来的某一时刻忽然失去作用,再次把人拖进黑暗的深渊。

太可怕了。

这个注定会到来的未来,就像高悬在头顶的达摩克利斯之剑,随时都会掉下来……

我在复查时遇见过一位老大爷,他忧心忡忡,唯恐自己的移植肾出一点儿意外。于是活得小心翼翼,在饮食上尤为苛刻。

他每天都会把食材称重,对照着营养学书籍认真计算一个番茄的维生素含量、一个鸡蛋的蛋白质含量、一块五花肉的脂肪含量,然后再严格掌控烹饪油量、温度,精心制作饭食。

本以为这样的精准进食能延年益寿,可两年后,胃癌却悄无声息地找上门来……

当然,致癌因子复杂多样,饮食习惯不足以成为根本。可我总觉得,他那患得患失、忧虑无比的心态,可能也是导致悲剧发生的最主要因素之一。

其实我们中的大部分人,都不会刻意去留心这些潜在的危险,而是在保证健康的前提下享受生活,努力像正常人一样活着。毕竟花那么多钱财精力做手术,是为了把余生拉回正常的轨道上。

坚持锻炼、早睡早起、饮食有度,也上班工作,也旅游出差,也风花雪月,病友们都喜欢拿尼采的名言来鼓励自己,"每一个不曾起

舞的日子,都是对生命的辜负"。

过好每一个今天,便是对明天最好的投资。

❹

不久前,"你的同龄人正在抛弃你"引发了一小波焦虑狂潮。

年轻的读者们纷纷来诉苦,拿着3000元月薪挤地铁,惶恐于他人的优秀,为明天惴惴不安。

安慰其实起不了多大作用,现实的沉重不可能被三五句话撬动。我能说的其实也只有短短一句:"认真工作,好好吃饭,用心学习。"

对抗焦虑的唯一方法,其实就是过好当下。当你不知道明天在哪里,最好的办法,就是不辜负今天的自己。

就拿我自己来说吧。

如果某天很焦虑,负面情绪就会从四面八方来包围我,工作被耽误,计划被打乱。等到夜里躺下,一颗心更焦灼不安,翻来覆去睡不着的深夜里,心事又悄悄浮出水面,心急火燎和郁郁寡欢都成了常态,由此而一步步陷入恶性循环。

但在工作数量和质量都达标的时候,心情自然舒坦,吃得香也睡得甜,整个人都容光焕发,状态绝佳。

你承认吗?对未来惶恐,其实正折射着对现在这一个自己的不满。因为你的付出和努力,根本不足以说服自己。

不如做好眼前事，走好脚下路，珍惜眼前人，把当下的每一天都过得充实而多彩。

人生环环相扣，今天流过的泪，都是昨天渗进脑子里的水；但今天吃过的苦，都会换来明天的财富和幸福。

你怎样打发时间，
时间就怎样打发你

1

记得第一次面试时，HR问我："你平时喜欢做什么？"

天真无知的我不疑有他，便兴致勃勃地说开了自己的爱好："我喜欢看电视剧呀，最近正在追《步步惊心》，好精彩的……"

HR面带微笑听我说了半分钟后做了个暂停的手势，便开始喊下一位。

我明白自己已被pass（淘汰），但心有不甘，忍不住站在门口偷听。同样的问题，却听另一位身着职业套装的女孩敛容回答道："业余时间我比较倾向于阅读，除了专业书籍，对历史和金融也比较感兴趣。"

傻站在门口的我这才恍然大悟，原来HR知道，在一个人闲暇时所做的事才能看清这个人的真正面目与价值。

时间过了三四年，到了我为人妻的时候，我告诉办公室里准备相亲的年轻女孩："要判断他是否有潜力，观察他下班后都做些什么就好了。"

这是过来人的肺腑之言，因为时间是世上最公正无私的东西之一，你怎样打发它，它就怎样打发你，毫无商量的余地。男人十年八年后的光景，大致可以通过他的消遣方式来预测。

一个没事就打游戏、玩手机的男人，在能力与责任心上，通常会输给爱读书学习的人。

一个常常把自己扔在酒吧、歌厅醉生梦死的男人，体魄与精力肯定不如驰骋篮球场的运动健儿。

这不绝对，但可用作通行的识人之道，男女皆宜。

大学时，头发花白的老教授在入学第一节课上就提出了一个闻所未闻的观点，得闲暇者得天下。

我们刚刚从高三的题山试海里逃脱出来，心里正蔓延着野马脱缰一般重获自由的喜悦，因此这句话只被少部分人放在心上。

毕业后回忆起来，才猛然发现老教授的用心良苦，因为大学里的闲暇是猛然多起来的，习惯了被安排着、牵引着学习的我们，大多会在入学之初产生或轻或重的迷茫，迫不及待地需要一些事情来填补光阴的缺口，俗称打发时间。

有人遨游在图书馆里的知识海洋,有人厮杀于电脑里的刀剑江湖,有人沉湎于小说、电视剧的风花雪月……四年后命运迥异,境遇截然不同,也不过是"种瓜得瓜、种豆得豆"的结果。

当年有位酷爱电影的学长,闲着没事时,他找了许多经典影片来看。不同的是,别人看故事,他看情节推进和剪辑手法。

这位学长大二开始集合一大班志同道合者捣鼓小电影,没课就晃荡在学校各处取景拍摄,晚上又熬夜剪片子、做字幕,闷声不响地就在某个比赛中拿了大奖,火了好一阵儿。

可随后的人生并没有开挂,他依旧苦哈哈地筹集剧本和拍摄,把别人打游戏、喝酒的时间都用在了拍摄和后期制作上。连续出了好几个不错的片子,毕业后如愿进入电影行当,现在是一个新锐导演。

他为自己打开了另一扇窗,但也有一些人,离开校门时两手空空,年岁虚长而一事无成。这一类人,大多爱好看剧追星,游戏嬉闹,只等闲白了少年头,空悲切。

适当有度的娱乐和休闲是必需的,不必需的是无休止的光阴虚度。因为空闲时间的把握和利用,就是你与他人拉开差距的关键所在。

据说最值钱的时间,是工作之外的8小时。

但在很长一段时间内,下班回家的我都是一副"葛优瘫"的样

子,爬起来吃完饭又陷入沙发的温柔怀抱,吃薯片看剧,很快就到了睡觉时间,结果便是越来越胖,越来越懒。

某天看到朋友圈的一位姐姐发了一段话:8小时内求生存,8小时外求发展,剩下的8小时就好好睡觉。

我跟她是拍婚纱照时认识的,点赞之交都谈不上,可那句话引起了我的兴趣。我点开她的朋友圈,看到的是她仔细写着的读书心得和练瑜伽的照片。

隐约记得这位姐姐谈吐得体,身材苗条,和丈夫一起来拍照纪念结婚20周年。她学刘嘉玲,穿着当年婚礼上的旗袍来拍照,细细上了妆,依旧千娇百媚,不见一点儿臃肿和苍老。眼角眉梢那些若隐若现的细纹,都是岁月沉淀下的温柔宁静。

当时我便暗自称叹,却不好意思请教保养之道,还好随手加了微信,能够通过朋友圈里的点滴窥得一二。这才发现保养秘籍不外乎"坚持"二字,身体与心灵的青春永驻,靠的都是8小时外的坚持不懈。由内而外的气质散发,才是"美人不怕迟暮"的真正原因。

可现实中的许多女人,结了婚就会由"珍宝"变成"死鱼眼",有人把原因推到家事烦琐上,却常常自动忽略自己东家长西家短的闲话是非的时间,也总是对抽出空来考证、读书的女人视而不见。

我见过工作出书两不误的才女,也见过年华消逝里渐渐老去的平庸红颜。生存之外的8小时,可成就美丽、可创造业绩,也可能一事无成,而这大都取决于你下班后做了什么。

愿所有姑娘,都能嫁给梦想。

时间才不管你贫富贵贱,你报之以木桃它才投之以琼瑶,报之以汗水它才还之以珍珠。

4

把时间打发在书本里,得到的是腹有诗书气自华。

把时间打发在健身上,得到的是八块腹肌或A4腰。

把时间打发在琴棋书画中,得到的是温润如玉、风度翩翩。

把时间打发在麻将、闲话里,得到的就是日复一日的光阴蹉跎。

有人在升值,也有人在贬值。时间是最公平的裁判,它清清楚楚地记录着你现今的一言一行、一举一动,会在或近或远的未来,将你的选择化为结果如数奉还。

并非教你压榨自己,也不是劝你放弃自己的生活,因为打发时间的正确打开方式,永远以内心的满足和安宁为根本出发点。

你看古人秉烛夜游,赌书消得泼茶香。简简单单,但意味深长。

而现代人喜欢把"无聊"两个字挂在嘴上,手机很好玩、啤酒很好喝、电影很好看,打发时间的法子越来越多,我们却越来越空虚、失落。

或许是你还不知道,打发时间有下面三个原则可以参考。

适可而止:有些生理快感简单易得,但后患无穷,比如吃喝玩乐,用这一类活动打发时间时,请谨记适可而止,过犹不及。

控制自我:能让人上瘾的东西,需要你的自控力和平衡力来保证

生活不因它们而失衡。打麻将也好，打游戏也罢，控制不住节奏，被消遣的就会变成你。

劳逸结合：我们精力有限，舍不得休息往往会得不偿失，而被工作绑架的生活，根本就算不得好。因为人生，本就需要一些适当的光阴虚度。

人人都有一个接一个的24小时，这是世上最公平的分配。差别只在于有人郑重相待，有人草草打发。

比你优秀的人，其实就是比你更懂得与时间打交道的人。因为时间把流年暗换，也把我们的未来一步步铸成。

能让你真正安稳的，从来都不是一份工作

◆ ◆ ◆

1

大四那年，家里许多长辈都希望我去考公务员，谋一份相对稳定的工作。他们拿安逸妥帖的以后来劝我：女孩子嘛，有份稳定的工作就好啦。然后结婚生子，多照顾照顾家庭，一辈子轻轻松松的，多好。

那时的我，每天都奔波在采访的路上，换乘好几趟公交车，顶着烈日去寻找拨打报社热线的当事人。其实算不上大事件，我跑来的新闻，多是些寻常百姓的欢喜悲忧，也不涉及所谓的新闻理想。它们只占据版面的一个微小角落，但我乐此不疲。

因为那种始终在路上的感觉，会让人觉得梦想近在咫尺，希望就在前方。

偶尔我会陪着当事人去各类单位询问、求助，经常看到一张张淡

漠的脸，对焦虑询问的我们爱搭不理。

稳定的工作也是一把"双刃剑"，太过舒适平淡的日子，可能会让人忘了自己当初为什么而出发、最终要朝哪儿去。

安稳的另一个意思，是毫无变数。它能在短期内规避潜在风险，也可能掐断长远发展的可能。因为在这复杂的世间，唯一不变的就是永远在变。跟不上时代脚步的人，往往逃脱不了淘汰出局的命运。

一份稳定的工作，就代表了人生所有的安全感？抱歉，这种想法早就过时，而且已经被现实狠狠抽了好几记响亮的耳光。

三十多年前，顶替父母的岗位进入工厂还是一股社会大潮。

带着点儿"世袭"味道的交替，大概也算一个对老职工的交代和福利。因为在当时，这几乎就象征着一生衣食无忧，那些庞大的国营工厂仿佛包罗万象的小社会，医院学校一应俱全，几乎能承包衣食住行、生儿育女，乃至生老病死。

看上去，真的再稳定不过、再幸福不过了，就像进了一个偌大的保险箱，一辈子都有保障了。

80年代末，妈妈的朋友红姨，也成为幸运儿之一。当年的红姨未满18岁，兴奋地打点了行李物品跃跃欲试，对即将开启的"工人生涯"充满期待。

事实也如她所愿，尽管文化水平不足，单位还是把她顺利安排到

食堂。平时洗菜打饭,做些简单的体力活。工资也按时按量发放着,更重要的是她的名字白纸黑字地写在编制里,铁饭碗是板上钉钉的不争事实。

后来红姨嫁了同单位的工人,生了孩子,一心扑进家务里。那本就不含技术含量的工作,应付起来轻而易举,她计划着混到退休,便含饴弄孙逍遥快活。

遗憾的是,国企改制在90年代后期轰轰烈烈来临,下岗工人们不得不拿着微薄的补偿离开单位,生活捉襟见肘,曾经的荣耀和无忧都一去不复返。无数个和红姨类似的职工,在时代洪流里被洗刷得七零八落。铁饭碗打碎得毫无征兆,只留下一个仓皇的尾音,空荡荡地回响在余生里。

这批产业工人,从长远来看,也是被"安稳"二字迷惑了大半生的可怜人。他们不知道,能为一生做保障的,只有自己的头脑和双手。

追求安稳,其实只是一种人生选择,并无对错之分,更无高低贵贱之别。

桀骜不驯如张爱玲,也曾在胡兰成的一句"岁月静好,现世安稳"里沉醉。因为这八个字描摹的是平和宁静的人生目标,而非停滞不前安于现状的工作状态。

遗憾的是，许多人把安稳简单理解为按时发放的薪水、轻松无挑战的工作。

大学时认识的老乡小丽，在公务员考试失败后，又退而求其次地考了特岗教师，最后被分配到了一个偏僻山沟。有多偏僻呢？她时常抱怨说，"进城一趟需要五六个小时，痛快洗个澡必须坐摩托车到镇上，土豆白菜一吃就是十几天……"

事实上，小丽并非多么热爱教育事业。她告诉我，自己前三年是在苦等编制，有了编制，就舍不得离开了。在封闭安全的山村小学待过三年后，她习惯了固定收入和漫长假期。繁华都市里的快节奏、高强度和强竞争，都会让她产生力不从心之感。

"那就这样吧，虽然工资没有特别高，好在这里升学压力小，上课轻松，也很稳定。"小丽已经为自己找到了无懈可击的理由，计划着嫁一个相似待遇的男教师，把一辈子轻松地打发过去。

这样的年轻人，并不在少数。二十几岁时，他们用尽全力考入体制，便提前开启混吃等死的养老模式。

只是，真的可以安稳一辈子吗？世界在飞速发展、知识在更新换代、观念在刷新更迭，所谓的稳定只是个相对概念，而非绝对事实。

把安稳寄托在一份工作上，其实正如将幸福锁定在婚姻里，不确定风险是增加了好几倍的。安于现状的人，只看到表面的风平浪静，却忽略了暗流的波涛汹涌。

4

若要给安稳下一个定义,大概就是在任何时候任何境地任何岗位,都有力量去面对命运跌宕,摆平生活起伏。

能力是根本,工作只是它的一个载体,可许多人本末倒置。所以,认知有限的人渴望工作稳定,眼界宽广的人则更看重自身能力的提升。

因为能给你安稳人生的,只有笃定的内心、强大的自我,以及淡然的姿态。

姑娘，
你凭什么不将就

◆◆◆

❶

"最近和小张怎么样了？快结婚了吧？"

午饭时，王姐又把话题引到了X小姐的终身大事上。X小姐皱着眉，用筷子慢慢挑着几粒米饭，"我们分手了。"

"不是吧？"王姐的眉毛一挑，筷子也放了下来，"谈了快一年了吧？小张人也不差啊，'985'毕业，公司500强，一米八的个儿！"

言下之意是，配你小X绰绰有余，可不要太挑剔了！X小姐脸上泛起不悦之色："我对他没感觉，我不想将就！"

边说边起身，心里窝着一团火，发泄不了又咽不下去。她暗暗在心里嘀咕："我才不要跟你们似的，凑合着过完一辈子！"

其实，X小姐撒了半个谎。

不想将就是真的，没感觉却是自欺欺人。将近一年的朝夕相处，

足够温热两颗原本陌生的心。更何况和小张在一起总有话说,时间似乎特别容易过。

可周末约会时,小张提出要吃一顿热乎乎的麻辣烫。X小姐却惦记着咖啡馆的一杯卡布奇诺,黑森林蛋糕要放在精致的小碟子里,被叉子分开,一小口一小口地送进嘴巴里。

小张笑她穷讲究,她的火气忽然蹿了出来:"我觉得我们三观不合,分手算了!"

小张被她的强硬措辞吓了一跳,声音软了下来:"对不起,我错了,我陪你去喝咖啡,好不好?"

"不需要!"X小姐掉头就走,小张急忙追上去解释,语气诚恳:"两个人在一起,争执肯定会有,我们都各自妥协一下,好不好?"

谁料"妥协"那两个字又触动了X小姐敏感的神经,但她一个字都不想再说,满脑子都是道不同不相为谋。

这已经不是第一次了,小张总在吃饭、穿衣这些细枝末节上与她背道而驰。她最讨厌所谓的过来人用"包容"来粉饰"将就",人生只有一次,容不得一点儿瑕疵。

结婚对象,当然必须三观吻合,天生一对。

凑合一下?将就一下?那么宁愿单身。所以就这么分开了。

小张是王姐为X小姐介绍的第三个对象。

第一位是个拆迁户，刚刚富起来的脸上满写着不可一世，一双小眼睛总滴溜溜地盯着X小姐打量。

X小姐哪儿受得了这种挑选货物的眼神？饭没吃完便拂袖而去。

第二位是语文老师，讲起话来慢条斯理，张口闭口说的都是现代主义与古典主义。

X小姐和他见了三四次，对方每次都主张找一家茶馆坐下，再慢悠悠地品茶论诗。水一次一次地加，最后茶味淡了，她也烦了，以拉黑对方所有联系方式作为终结。

好不容易遇到小张，各方面条件都吻合，谁知却是个对吃极不讲究的人。她也曾想过各自退让一步，但随着"将就"而来的妥协苟且又吓了她一大跳，不得不迅速撤退。

王姐无可奈何："你到底有什么择偶标准？"

"不将就、不凑合、不敷衍！"X小姐的回答脆生生的，王姐白她一眼："过日子哪儿有那么如意？跟谁不得磨合磨合？"

X小姐笑而不语，只默默发了一条屏蔽所有同事的朋友圈：夏虫不可语冰。

3

快下班时，X小姐却凑到了王姐的工位前，王姐正聚精会神地做表格，随口招呼她说："小X啊，我再扒拉扒拉看还认识几个未婚青年，你不要着急。"

没想到X小姐却摇摇头:"王姐,我不是为这事麻烦你。"

"那是什么?"

"我……我……我想跟你借点儿钱。"声音压得特别低,带着一丝讨好般的小心翼翼。

王姐一顿,抬起头来盯住X小姐:"你爸妈都有退休金,也有医保,你没结婚也没孩子,每个月四千工资完全够花了。怎么总是借钱?"

X小姐脸一红,这才嗫嚅着说:"信用卡还不上……"

"你又买什么了?"王姐把自己丢进了表格里,声音中已透出些不屑和不耐烦。

"一些化妆品,还有手机,'苹果'不是上了新产品吗?我就买了一部……"

王姐边敲键盘边摇头:"对不起,小X,我帮不了你。"

X小姐呆了几秒钟,随即挤出一个假笑,挪回到自己的工位,打开手机发起呆来。

④

账单分为三部分:两张信用卡、"花呗"用款、"借呗"贷款,X小姐皱着眉头写写算算,得出一个具体数字:13245元。

工资到账3821元,只够勉强还"花呗",剩下将近一万元的窟窿怎么填?她左思右想,最后还是决定厚着脸皮向父母求助。

不料她一开口,妈妈的脸就拉了下来,油锅里正炸着的小鱼吱吱作

01 不辜负自己，莫错过流光

响，香气扑鼻。妈妈"啪"一声关了煤气，阴沉着脸坐到客厅里："你倒是给我说说，手机好好的为什么非要再买一部？不都是'苹果'吗？"

X小姐回答得理直气壮："因为出了新款，我不想让自己将就着用过时货！"

一旁看报纸的爸爸咳嗽一声，发出要讨论的征兆，母女俩便都把头转向他。他合上报纸，慢条斯理地开了腔："我不反对你提高生活品质，但前提是你自己能为你想要的品质买单。"

他边说边起身，自顾自进厨房将小鱼起锅，撒上椒盐和辣椒粉，又端出一碗青菜一碗土豆丝，这才招呼母女两人吃饭："我和你妈刚结婚的时候，工资都不高，一年到头买不了几件衣服，后来日子不也过好了吗？"

X小姐低着头，心里恨恨的，妈妈又补充了一句："等你升职加薪自己有钱，爱怎么讲究就怎么讲究！现在不行，有多大碗就吃多少饭！哦对了，小张呢？最近怎么不听你提他了？"

"烦不烦？"X小姐摔了筷子，"家里又不是没钱，你们整天吃这么几条破鱼、破青菜，有意思吗？"

夫妻俩被女儿突如其来的火气吓了一跳，反应过来后，妈妈也来了气，讲话也不客气起来："爱吃不吃！不交伙食费吃白食还这么挑三拣四！"

X小姐气咻咻地拎起自己的LV（路易威登）出了门，边走边用手机订了一间豪华套房，准备好好平复一下自己的委屈和不忿。

当然，付款方式选了信用卡。

愿所有姑娘，都能嫁给梦想

⑤

X小姐把自己舒舒服服地泡在浴缸里，她感觉自己身心都轻盈起来，30岁未嫁和没钱还款的烦恼似乎都融进了这一缸温水。

讲究的生活，能抚慰身体，也能熨帖心灵。她轻轻哼起歌来，边哼边拿起手机，下载了某个现金贷APP（手机软件），轻轻松松贷出两万元。

这个APP的广告在她的心里徘徊了好几天，现在一想也挺划算，两万元分期偿还，加上利息均摊到每个月，两千都不到呢。

用这么一笔钱来买内心的幸福安乐，又何罪之有呢？

说服了自己，X小姐便安心起身化妆，挎着小包往商场逛了一趟。正赶上某大牌上新，她看上一条连衣裙，标价10099元。

导购小姐满脸堆笑："小姐您真有眼光，这是我们的主打新品，现在八折优惠，8070元您就可以拥有它了。"

X小姐的心蠢蠢欲动，却被一些说不清、道不明的东西牵绊着。见她犹豫，导购小姐便笑了笑："小姐，女人可不能亏待自己。你什么都嫌贵，别人就会嫌你便宜，可不要过将就的日子噢！"

又是将就！X小姐胆战心惊地脑补出一个邋遢的黄脸婆形象，便一狠心刷了卡，拎着一袋子"讲究"施施然回了酒店。

⑥

王姐打来电话："明天领导来视察，主任要求我们7点到办公室

进行大扫除。"

X小姐哀号一声瘫倒在大床上,她在这家不大不小的国企已经做了6年,当时是父母托关系花了很多真金白银才换来的岗位。

她不喜欢也不讨厌这份工作,得过且过地混日子罢了。所以临近30岁的年纪,拿到手的工资还跟新来的大学生差不多。

这个夜晚,住着豪华套房的她穿上将近一万元的裙子,把阿玛尼粉底和纪梵希口红细细搽上,忽然对眼前的苟且厌恶至极。

不将就的人生,怎么能有一份不如意的工作横亘其中呢?

换工作的想法其实早就在心里生根发芽,两周前,大学室友打来电话邀X小姐参与一个大项目。

"前景可观,一年就能收入一百多万呢!"

她动了心思,立马从床上弹起,抓过手机打开微信,找到那位室友后兴奋地发语音:"我明天就辞职过来投奔你!"

"好啊好啊,我到火车站接你。"另一头的回复很快、很及时。

X小姐不知道的是,回完信息的室友长舒一口气,转头报告她的上线:"好了,我们现在可以针对小X制定洗脑策略了。"

传销小头目微微一笑:"做得好!"

夜已经深了,X小姐在五星级酒店的床上沉沉睡去。她做了一个美梦,主题是"我绝不能将就着过完这一生"。

最好走的路，
其实就是读书

1

十年前，一个姓徐的男孩走进高考考场，任性地违规写下个人信息和自创的教育理念"三人行教育"。他渴望以此来引起关注，来宣扬自己对于教育的思考和观点。

他果然火了，但昙花一现。

热点一过，媒体的眼光就从他身上挪开，只剩下一个残局留给他收拾。那套教育理念也被人讽刺为"一个小孩子，还想提出教育理念来教育人？"其实小徐在不久后就后悔了，他向父母提出复读要求，可没得到支持，然后便加入了打工队伍。

他去过许多工厂，换了很多工作，组装过广告箱、制造井盖、包装卫浴产品、生产说明书。为了谋生，干过各种各样的苦活累活。

日子不好不坏，生活渐渐趋于平淡，大众和媒体也慢慢忘记了

他。他像所有的打工族那样，赚钱、谈恋爱、结婚、生子。

2014年，小徐离异，却出人意料地决定再次参加高考。

因为"大学生活是美好的一站。以前没走的那条路，我想去体验一下，算是对错失的一种弥补"。

事实上，在此前六七年，小徐就奔走于各个高考考场，甚至免费印发传单，劝诫考生们："高考0分考生传达教改的声音，但0分注定是错误、是伤害。请勿模仿我们！"这些错误和伤害，都是小徐拿最好的年华换来的教训。

我们不妨假设一下，假如小徐当年考上大学，他的人生会不会不一样。

2

首先，小徐会从家乡去到某座较大的城市（一般是省会城市或直辖市），或多或少地开阔眼界，增长见识，接触到与父辈截然不同的生活方式。

其次，小徐的老师中，必定不乏学识渊博的引路人；他的同学朋友中，也肯定会存在志同道合的青年人，受近朱者赤的气氛熏陶，极有可能滋养他的远大梦想。

再次，书本的熏陶与学术氛围，应该也会多多少少地塑造他的内在精神力。

最后，他能在四年后拿到一纸文凭作为敲门砖，去叩开某些平台

的大门,获得一个相对较高的工作起点。

当然,他也可能在游戏娱乐中迷失自己,四年后一事无成。但从概率上来讲,这种可能性很小。大部分普通学生,都能够在四年的学习中掌握某个特定领域的基本技能,让谋生之路走得更轻松。虽然,也只是轻松那么一点点。

我们再看另一方面,那些没有进入大学的少年后来怎样了?

千万别拿韩寒和比尔·盖茨来举例子,提前漂在社会的青年千千万,最终活成楷模与偶像的,也不过是寥寥数个。

能够代表群体命运的,通常都是平均数,而非最大值和最小值。

那些离开校园的孩子,基本都和小徐一样,辗转在各个工厂,受尽冷眼尝遍艰辛,为了生计而颠沛流离。

谈不上职业规划发展,也很少思索人生价值与抱负。

为了活着就用尽全力的一生,多少是有些悲哀的。

坦白地说,我是高考的受益者,也是坚决拥护者。

作为出生在云南农村的女孩,我的未来似乎一眼就能望到头,姑姑、阿姨甚至母亲的命运都能成为参照物。不外乎嫁人生子,用高强度的体力劳动,来赢取家庭和社会的认可与尊重。

好在我成绩不错,一路顺顺当当地考进重点高中。我的父母对高考也全力支持,所以,我有机会走进人生的"伊甸园",和其他孩子

一起做作业、喝咖啡、谈理想。

并且,我听过学术泰斗的讲座、看过原汁原味的芭蕾舞剧、吃过各式各样的食物,而不是年纪轻轻就当了妈,把周围的一亩三分地当作全世界。

再讲个真实故事,主角是我的师姐小敏。

她是免费师范生,毕业后回到家乡县城当老师。一年后与本校男老师相恋,男方亦来自普通农家,对他的成家立业帮不上一点儿忙。

好在两年后,他们用辛苦挣来的工资凑足首付,在市中心入手大三居,欢欢喜喜地结了婚。

婚后过得极好,虽然备课上课很累,但经济状况与社会地位都在一天天提高。女儿长到三岁,也有条件送去学钢琴学舞蹈,也算弥补了小敏的一大遗憾。

其实上学的最大意义,从来都不是立竿见影的财富积累,而是日复一日的正向增长,让日子和人生都一点点往好里去。

当然,通往成功的路有很多条,但谁不想工作体面,生活幸福呢?

这些年,我越来越庆幸自己通过读书实现了成为写作者的理想。

30多岁的韩寒,前不久在采访中说:

"退学是一件很失败的事情,说明我在一项挑战里不能胜任,只

能退出,这不值得学习。值得学习的永远是'学习'两个字本身。"

而我那个只勉强念完初中的弟弟,也会不时发出一句感慨:"真后悔当初没有好好读书啊!"

其实,读书就像一扇打开新世界的大门,虽然有时辛苦,可你得感谢那扇门的存在,它透出些轻微的光来,说不定你就能循着那一丝明亮,走到最想去的地方。

Chapter 02

愿你从此爱情温软，余生温暖

在相逢那一刻，也许我们都预料到了结局，所以刻意这样做。尘归尘，土归土。

千帆最后的最后，我们只他这样安慰自己 句，亲爱的，那并不是爱情。

吃货的爱情故事

1

"你好!我叫赵沁芳,来自贵州。"

说完这句话,赵沁芳就一屁股在姚晋对面坐下,笑吟吟地盯着正狼吞虎咽的他。

姚晋擦了擦嘴,用力咽下嘴里的一大口米饭,这才四下环顾,确定了眼前的姑娘是在对自己说话。他有些摸不着头脑,但还是本着礼貌热情的态度回应:"你好,我叫姚晋,也来自贵州。"

这个"也"字一出口,他便猛地醒悟过来,这才知道姑娘的本意不是他,而是他面前那罐红彤彤的糟辣椒……

果然,赵沁芳的眼睛直勾勾地盯着辣椒,一双筷子在素炒上海青中百无聊赖地翻拣。姚晋的咀嚼慢了下来,偷偷瞄了她几眼,又在心里打了一分钟腹稿,这才壮着胆子把罐子往前推了推:"你要不要尝

尝？"

赵沁芳一听，却做出副羞答答的表情来，可行动和眼神都赤裸裸地出卖了她。只见她飞快地挑起辣椒拌进上海青，那双筷子也一改之前的无精打采，欢快得仿佛在跳舞。

她的吃相很可爱，像小兔啃胡萝卜那般，小巧却快速，间或发出一声惊叹。姚晋看得有几分呆，好半天才冒出一句赞美："看你吃饭是一种享受啊！"

那句话混杂在快餐店鼎沸的人声中，拐过油盐路过酱醋，这才轻盈地飘到赵沁芳的耳朵里。

她扑哧一笑："为什么啊？"

姚晋也笑起来："你这样吃，食物才不会被辜负。"

"是吗？哈哈，你真有意思。"赵沁芳咽下最后一口，边收拾餐盘边询问，"你也在这栋楼里上班吗？"

姚晋点头如捣蒜，赵沁芳从包里找出本子，撕下好几页来把罐子裹住，又套上好几个塑料袋，这才把它放进姚晋的双肩背包。

"味道有点儿冲，被人闻见不好。"

这句话没什么大错，可姚晋心里却咯噔了一下，但转瞬即逝，很快跌进了一见钟情的旋涡。

他25岁了，但还没正式谈过恋爱，今天竟有个同乡且同口味的姑娘从天而降。他和她肩并肩站在电梯里，蓦地想起模模糊糊的人生大喜来：他乡遇故知，洞房花烛夜。

2

从前不知乡愁为何物,直到离家来到上海。

愁绪先从嘴巴里的寡淡而起,然后是空空荡荡的肠胃。孤寂牵扯着身体和心灵,饭点一到,就泛滥成灾。

填报志愿那会儿,闺蜜问赵沁芳:"你真的要去上海啊?你这个嗜辣如命的人,怎么吃得惯那边的清淡饮食?"

闺蜜的哥哥在上海打工,回家第一件事便是一头扎进小馆子,用各式各样的酸辣美味来祭自己的五脏庙。

人啊,食色性也。吃不开心的话,做什么都有点儿萎靡不振。

赵沁芳却不以为然:"和梦想比起来,吃算得了什么?真没出息!"

闺蜜又问:"那你的梦想是什么?"

她一时语塞,竟找不到一句话来描述自己眼中的美好明天。只模模糊糊地觉得,一定要走出去,去很远很富饶的地方!远离这世人眼中"天无三日晴,地无三分平,人无三文银"的地方。

对上海的热爱源自张爱玲的旖旎句子,后来又被王安忆的《长恨歌》勾引,最后落实到了电视剧中的十里洋场与高楼大厦,构建起赵沁芳心中的庞大梦想。

那时,她还是个每月生活费只有200块的苗家小姑娘,父母把家安在遥远的大山里,贫穷落后仿佛代代沿袭的遗传病。

但到了自己这一代，赵沁芳觉得必须改一改。

好在十年寒窗未被辜负，大学录取通知书沸腾了整个小山村。虽然，也只是一所名不见经传的普通二本。

一转眼，也来了六年了。大学毕业又留在这里，进了一家不大不小的企业。

当初那些模模糊糊的梦也清晰起来，她悄悄学着上海话、认真留心着时尚杂志上的美容减肥窍门，把嫁个本地人当作最直接可行的小目标。

她自觉已改头换面，可还是在一罐糟辣椒前露了馅。

那天猛然看到熟悉的鲜红与热烈，竟不自觉地走了过去……

糟辣椒是姚晋外婆的拿手菜。

小时候，父母工作都忙，他被送回老家，由外公外婆来照顾。老两口住在一个小村里，屋后有一片菜地，长满了鲜红的辣椒和绿油油的青菜。

每年收了辣椒，外婆都忙着洗忙着切，忙着把爱和深情都藏进坛子，再给四面八方的儿孙送去。

姚晋吃着糟辣椒做成的各式菜肴长大，被朴素的亲情滋养成了大小伙子。他往葱油面里加入一大勺辣椒，在变味的沪上风情中，吃出了眷念与感恩。

"再赚点儿钱我就回去,买一套大房子,把外婆接到身边来。"姚晋时常在心里默念,一遍遍想象着岁月静好的未来。当赵沁芳出现,他在未来里加了她,不止一次幻想过房子的装修风格、儿女的名字,以及婚礼的模样。

但他迟迟不敢表白,只敢用行动去悄无声息地证明爱意。

那个周六上午,姚晋早早来到了赵沁芳租住的楼下等。室友买早餐回来,见赵沁芳正对镜梳妆,一张脸涂涂抹抹十来回,满眼都是要见心上人的跃跃欲试。

可当室友调侃,她却忙不迭地否认:"不不,我们只是一起去吃羊肉粉,大家都是老乡,口味相近。"

羊肉粉店藏在近郊的小巷子,四周都是工厂和出租屋,来来往往的行人操着各地乡音,却意外混合成一首整整齐齐的流浪歌。

地面有污水,赵沁芳的高跟鞋踩得步步惊心。姚晋一笑,半蹲下身子来,指着自己的背说:"需要我背吗?"

赵沁芳却丝毫不矫情,一跃跳上他的宽厚脊梁,可当他的双手自然而然抓住她的小腿,她又为两个人的顺理成章而惴惴不安。

好在羊肉米粉店就在前方,久违的香味打散了他们各自的脸红心跳。

要加蒜末、姜末、剁椒末、葱花、薄荷、辣椒油。香味一层叠着

一层,是为了对抗腥味与膻味,也是为了相互调和刺激出最极致的鲜美。

大碗端上来了,米粉莹白、剁椒鲜红、葱花和薄荷绿得舒心,五颜六色凑齐的人间烟火热热闹闹。

赵沁芳轻轻呷了一口汤,脸上做出夸张的表情,连连说着:"好吃!太好吃了!简直好吃到飞起!话说你是怎么找到这旮旯缝里来的啊?"

"一个同学在附近打工,他告诉我的!"

姚晋哈着气,镜片上起了一层薄薄的雾。赵沁芳的筷子顿了一下,又不动声色地搅动了几下,这才把复杂的情绪混合着鲜香咸辣一起往下咽。

她想起来他们一起吃过的那些饭,花江狗肉、酸汤鸡、小龙虾、麻辣烫……味道是好的,却始终在前半生里打转,来上海的意义似乎在吃吃喝喝间一点点磨去。

她看着埋头苦吃的姚晋,心里恍惚生出些坐在自家餐厅的幻觉。依稀也是这样的羊肉粉和一对男女,可窗子推出去,到处都是小城市的阴仄和苍白。

自己不远万里而来,难道还要被爱情拖回遥远的过去?

她想了又想,嘴巴忽然不受控制:"姚晋啊,你喜欢什么样的女孩?"

"我啊?"他边吃边飞快地回答,"皮肤要白一点儿、脸圆一点

儿,爱吃辣……"

每一个都在比照她的特质,可声音越来越小,头也越埋越低,等停住时,姚晋的脸已经红得如熟透的油焖虾一般。

赵沁芳却面不改色,她把筷子放下,忽然叹气说道:"如果我想留在上海,嫁人大概是最便捷的途径吧?"

姚晋只觉得五雷轰顶,他"哦"了一声,忽然端起大碗开始喝汤。红油还漂浮在上面,所以他的眼泪来得合情合理——当然是被辣出来的。

"那,你有人选了吗?"姚晋问得小心翼翼,赵沁芳的头却点得干干脆脆,"他叫林家凯,追我很久了。"

和林家凯相识纯属偶然,那天赵沁芳进了一家面包店,预备买些打折的长面包做早餐。

正在挑挑选选时,忽然听到一个男人的声音说:"我又不是外地人咯,家就在附近呀,怎么会故意不付钞票?说了钱包手机忘了带,先记账,明天会拿来还你的呀!"

一口地道的上海话,赵沁芳忍不住多看了两眼,却见一个小个子男人,神情里带着本地人独有的优越感与居高临下。她心思一动,走过去主动解围:"这位先生的钱,我先垫上,侬可不要狗眼看人低呀!"

现学现卖的上海话，配上挑眉瞪眼倒也神气活现。打工妹自然分辨不清，只毕恭毕敬地收了钱，殷勤地把两人送出门。

接下来，自然是加微信加微博，从一个点赞开始，一点点渗入彼此的生活。

都市里的男女交往大多有个雷同的程序，无非是问好、试探、约会、表白，跟流水线上的工业产品异曲同工。

抛开本地户口不谈，其实赵沁芳不大瞧得上林家凯。

他不到一米七，学历也只是中专，还大了她八岁，年过三十岁一无所成，如今还在一家小企业里混日子。也正因如此，才蹉跎成了大龄剩男，为赵沁芳的接近打开了缺口。

假如时光再倒退五六年，林家凯对外地女孩也是不屑一顾的。他家住在一条小弄堂里，老早就传着拆迁的消息，即将到来的巨额财富壮了一家人的胆，硬生生地把择偶搞成了选妃。

谁料折腾到最后，儿媳妇跟拆迁一道变成了未知数。

"那就只好退而求其次了呀。"林妈妈语重心长地嘱咐儿子，"多上点儿心，带她看几场电影吃点儿好的，乡下丫头没见过世面，很好哄的！"

林妈妈口中的好东西是小馄饨小笼包生煎包，偶尔也上西餐厅和日料店。灯光朦朦胧胧地照着，林家凯一脸自信："你们那没有牛排

和刺身吃吧？"

"还真没有。"赵沁芳把刀叉挥舞得漫不经心，嘴巴和心都是涩的，急需一碗加了糟辣椒的鸡蛋炒饭来拯救，可她无法说出口。

交往第三个月，林家凯带她回家。应该是要带点儿见面礼的，她思来想去，最终选的是礼盒包装的辣椒酱。

因为在赵沁芳心中，那最能代表她和她背后的家庭与土地。

她是奔着结婚而去的，所以打算在开头便直面彼此之间的差异和冲突，以此来寻求最平衡的相处之道。

果然，林妈妈像看怪物一样盯着那个红彤彤的礼盒："你们平时就吃这个？"

赵沁芳还没来得及点头，林妈妈便惊叫起来："这怎么能做菜呢？没有一点儿营养的呀！吃多了说不定会致癌，要出人命的。"

气氛猛地尴尬起来，还没学会圆融处世的姑娘积极收敛，但还是藏不住委屈和耻辱。林妈妈一看，脸也冷下来，自顾自进了厨房，边走边嘟囔："还说不得了，穷丫头当自己是公主啦？"

声音不大，但字字清晰。赵沁芳看了看林家凯，他正低着头玩手机，对两个女人的战争充耳不闻。

赵沁芳如坐针毡，也不由自主地摸出手机打开微信，只见姚晋发来消息："发现一家新开的菜馆，牛肉粉那叫一个正宗啊，你去不去？"

他们没做成恋人，但也没分裂成敌人。姚晋从她的生活里撤离，

但一看见好吃的,还是忍不住要和她分享。

她的心猛然一酸,感觉眼泪都要掉下来了。

那天林家吃大闸蟹,赵沁芳从没吃过,有些摸不着头脑,只得默默观察着这一家人的行动,再囫囵地依葫芦画瓢。

味道确实不错,就是吃起来太麻烦,也太细碎,一丝一缕地层层叠叠,就像上海人的心思,九曲十八弯,行行复行行。

赵沁芳边吃边神游太空,却忽然听到一声尖叫:"哎哟小芳,你吃东西这么不仔细的呀?"

她被吓了一跳,抬头正对上林妈妈怒目而视,仿佛自己犯了天大的错误。再转头看看四周,林家凯正埋头苦吃,把蟹腿肉耐心扒拉出来,似乎母亲对女友的教训天经地义。

委屈和愤怒扑面而来,赵沁芳扔下蟹壳,轻声说了一句:"我吃饱了。"随后起身拿包绝尘而去。

可林家凯没有追出来,只在10分钟后发来一条信息:"路上小心,改天再约。"

屏幕在夜色里发出幽幽的亮光,原以为自己会悲愤欲绝心痛难耐,可事实是,那疼痛和委屈都轻飘飘的,极不真实,仿佛只是恍惚间做了一个梦、看了一场戏。

或许是因为男女双方都不走心。

一个只想要户口、一个只觊觎美貌，赤裸到他们都懒得掩饰与虚伪。而这一桩注定失败的交易，却一次又一次地在餐桌上出现破绽，逼着她不得不审视自己的急功近利，逼着她不得不拷问自己的内心：你到底想要什么？

吃当然不是人生最重要的事儿，但吃不好的婚姻必然困难重重。因为每一碗菜每一碗汤，都为幸福埋着伏笔。

再次接到林家凯的电话时，赵沁芳正在吃折耳根。

是姚晋妈妈快递过来的，他第一时间通知赵沁芳，两人在租来的小屋里，将折耳根洗净切断，加入盐巴、味精、酱油和小红椒，不出10分钟，久违的家乡味道就逼出了赵沁芳的泪花。

姚晋满脸都是笑："多吃点儿，看你都瘦成什么样了？"

她还没来得及客气，电话就响了起来。接起来一听，是林家凯的声音："今晚一起吃饭吧！新开的法国餐厅，你肯定没吃过……"

"但我不感兴趣！"这次，赵沁芳干脆利落地打断了林家凯的自鸣得意，她起身往卫生间走，"林家凯，你吃不吃折耳根？"

"那是什么东西？"

"我家乡的一种野菜，我很喜欢……"

"你们那穷乡僻壤能有什么好东西？我妈说那都是些重口味没营养的垃圾食品！我告诉你，你得改掉这些坏习惯！这里是上海，不是

你们村……"

赵沁芳默默掐断电话,据说故事的结局都写在开头,而她和林家凯的开头,已经挤满了轻视、不屑甚至刻意贬低。

表面上看,只是饮食习惯的不同。可本质却是结结实实的地区差异与贫富悬殊。

她斜靠在墙上,在那一刻清晰地感受到了家乡的感召,从唇舌而起,路过肠胃,抵达心脏。

还好,还好姚晋一直都在。

成长因我爱你而开始

◆ ◆ ◆

1

我身边有个真实的故事。

一个成绩一般、长相也很普通的男生土豆，悄悄喜欢上了班上总考第一名的漂亮姑娘小溪。那时他自卑，胆子也很小，跟小溪对视一眼就会脸红心跳，只得埋下头把爱意深藏于心。

同学三年，谁也没看出土豆对小溪情根深种，直到土豆考了一所很不错的大学，开始实施策划已久的追求计划，我们才知道这个不起眼的男生，在背地里下足了苦功夫。

原来土豆为了配得上小溪，高中时一直"头悬梁锥刺股"，几乎每天都学习到深夜一两点。他资质平平，原本也是得过且过，可一想到小溪，便充满积极向上的动力。后来竟也逐渐发现了学习的乐趣，在摸索出最适合自己的学习方法后一路开挂，进了一所"985"高

校，学了最感兴趣的专业。

听说小溪最终接受了他，恋爱谈了五六年。今年的春节前一周，我被拉进了他们的婚礼邀请群。

群里喜气洋洋，红包飞得满天都是。我点开群成员，看见许多埋在时光深处的熟悉的名字，却猛地发现当初那些爱得死去活来的小情侣，走到最后的寥寥无几。

婚礼上的土豆深情款款："我要感谢爱情，它把我变成了更好的我。更要感谢小溪，她激发出了我所有的拼搏动力！"

对土豆来说，人生所有觉悟和成长都始于少年时的怦然心动。而不急不躁静待自身的强大与成熟，才是一段爱情开花结果的根本动力。

因为健康良好的爱情，本就自带成长属性。所谓的对爱负责，就是你在爱的催发下不断完善和提升，逐日具备让对方和自己幸福的能力。包括经济上的、精神上的和心理上的。

鲁迅先生写过一个爱情故事，叫作《伤逝》，讲一对私奔同居的年轻男女，男的叫涓生，女的叫子君，都是新文化运动里的新青年。

子君经常拜访新青年涓生，听他讲述新文化、新道德、新观念，钦慕慢慢转为爱慕，便与涓生一起寻住所、筹款子，并不顾亲朋的反对而同居，建立小家庭。但子君很快就陷入家务之中，他们的爱情也

未能时时更新、生长、创造。不久,涓生为当局所辞,他们便生活无着,涓生对子君的爱情也随之削减以致消失,最后两人一死一伤,落得个悲惨结局。

故事里的子君得到涓生的爱后,便不再读书、思考,而是安于家庭小妇人的角色,终日养鸡烧饭,斤斤计较着房东太太的一言一行,将自己活成了一个绕着家庭转的平庸女子。

涓生呢,虽然发奋地翻译着作品,也写着小说、诗歌拼命投稿挣钱,却在日复一日的贫穷困窘里嫌弃起日渐落后的子君来,甚至生出躲开她的心思。抛开鲁迅先生的创作大背景和深意不谈,我们单纯从爱情的角度分析,便可一眼看出,反复消耗着两个人的爱情,注定要走向毁灭和死亡。

正如有句话说的:"好的爱情,是你通过一个人看到整个世界;而坏的爱情,是你为了一个人舍弃全世界。"

少年时我也将爱情视为飞蛾扑火的游戏,渴望用燃烧自己牺牲自己来表现爱得轰轰烈烈,那种毁灭式的爱情带着粉身碎骨的悲壮美丽,最能满足年轻人对爱的浪漫幻想。

可当渐渐长大,看过世间百转千回的爱情,我才明白爱一个人的最好方式,是与他携手向着更远、更明亮的地方去。毕竟我们相爱的目的,是让双方都获得幸福,实现价值。

好爱情让人成长,坏爱情则让人沦丧。

3

邻居家有个貌若天仙但骄横跋扈的姐姐叫蓉蓉，谈了好几次恋爱，对方都被她的坏脾气和小心眼吓退。眼看着即将奔三却待字闺中，可把父母亲戚愁坏了。

想不到的是，这位蓉蓉姐在朋友的婚礼上和伴郎一见钟情，迅速坠入爱河，到了谈婚论嫁的地步。

据说小伙子在银行上班，家境不错，也是被宠着、疼着长大的，性子难免有些急躁，发起脾气来如同狂风暴雨倾盆而下。开始时双方父母都捏了一把汗，对这段恋情并不看好。

没想到两人吵闹好几次，分分合合走了两年多，最终携手进了围城。偶尔听邻居提起，总是满怀欣慰地称赞，女儿懂事了很多，女婿也成熟了不少，小两口过起日子来，倒也有商有量、有说有笑。

我想象着蓉蓉姐曾经张牙舞爪的模样，不由得哑然失笑。爱情最美好的状态，或许就是我们都能为了对方来一番彻彻底底的断舍离，将骨子里的乖张、蛮狠和任性一一剔除，一步步完善自己的性情和人格，在成长的阵痛里进化为更好的自己。

为爱做出的改变，向上的、积极的叫作成长，倒退的、消极的，就是丧失与沉沦，极有可能将你拖向命运的深渊。

要判断一个人值不值得爱，最迅速、最直接的方式，便是问问自己，和他在一起之后，你有没有变得更漂亮、更美好、更强大。

4

某著名论坛上有个帖子,标题是"你在哪个瞬间觉得自己长大了?"

有个人回答说:"爱上她的那一瞬间,我告诉自己要戒掉游戏,努力工作,给她一个幸福的家。"

成长意味着自我觉醒与责任的开始,有人的成长始于家庭变故,有人的成长来源于讽刺侮辱……

并非所有的成长都因为爱情,但只有在爱情里不断成长,才有可能走到地老天荒。

有些女孩渴望嫁一个把自己当成女儿养的男人,躲在另一半宽阔的怀里躲避风刀霜剑,做一个永远天真、永远长不大的小女孩。

殊不知一生漫漫长路艰辛,男人需要长成参天大树,女人也必须做一棵木棉与之并肩而立。紧握在地下的根,是各自的独立与坚强;相触在云里的叶,是互相的关爱与支持。

你看钱钟书与杨绛,你再看居里夫妇,那些令人称道的伟大爱情与婚姻,都有相亲相爱的两个人、志同道合的两颗心、共同成长的一条路。这是好爱情的标配。

因为,最深沉的爱,不在于你是谁,而是和你在一起,我变成了谁。

最美的相遇,则是我爱上你的那一瞬间,推开了通往新世界的那扇门。

一个人的幸福和价值，
不由爱情来决定

1

朋友失恋，一连十几天郁郁寡欢，吃不下睡不着。

我怕她出事，便和她待了几天，夜里却听到她的哭声，隐隐约约的，听上去极度压抑。那哭声断断续续持续了几个月，仿佛下在春天的细雨，可她的春天，却仿佛被搁浅。

整个人都沉浸在悲伤的低气压里，我小心翼翼照顾着她的情绪，唯恐哪句不恰当的话语会瞬间勾起她的伤心事。

即便如此，她还是消沉了大半年。工作自然是耽误了许多，人也变得比黄花还瘦。虽然现在她已好了大半，但回头看一看，只觉得几个月前的自己傻得不可救药。

我也经历过，我知道那些肝肠寸断都不是矫情，而是实实在在的撕心裂肺的痛。因为对沉浸在爱里的人来说，那几乎是精神世界里

的唯一。

有人把爱情视为维持生命的空气和水分，误以为失去爱情就会一点点慢慢地死掉。因爱而生为爱而活，似乎就是生而为人的所有使命。

或许是因为我们的世界太小，枯燥生活之外猛然邂逅的爱情，就像是新大陆的遇见和开发。微小身影映在爱人眼里，才看见了自己的伟大和价值。

那时的爱情，能带来幸福感，更能凸显存在感。

所以一旦失去爱情，便觉得天崩地裂，整个世界都跟着一起破碎，恨不得赌上自己去给爱情陪葬。

再往前走几步就好了，走到世界越来越大，风景越来越美，我们就会知道，生命里还有许许多多美好且有意义的事情，胜过爱情千万倍。

年轻时失恋，会邀上三五好友疯狂一场，再来一杯烈酒顺着喉管而下，让心里的悲愤都熊熊燃烧起来，回家睡个三两天便"再世为人"。

三十几岁时失恋，则是默默地下厨给自己煮一碗面，和着眼泪咽下，再认真卸妆睡觉，为明天的工作养精蓄锐。

倒不是爱情变得不值钱，而是一步步成长成熟的我们，触摸到了世界的各个切面，爱情就不再是人生的唯一支撑点。

从前我喜欢看琼瑶剧，她把爱情轰轰烈烈地展示给你看，用一种近乎童话的写法，来告诉你爱情是这世上最值得追求与维护的东西。

那个被文字创造出来的美好乌托邦，正好满足了未经世事的少女们对爱情的所有幻想。可真实的生活不是这样，爱情之外有生存、生活、生死、道德和责任。

现实与琼瑶小说最大的不同在于：单一的情感线不可能贯穿一生，人生主题也并非爱情至上。

许多束缚，无数捆绑，想要过好这一生，绝不是学会谈情说爱就可以的。成年人要经历的，往往不是童话，而是寓言。

后来我迷上了亦舒，我喜欢看她写职场里的男男女女，爱情、职场与生活相互交织，三言两语道破人生真相。让人拨开爱情迷雾，猛地明白过来，爱情只是人生的一部分，用心对待很必要，全身心投入却有点儿可笑。

有位朋友颖小姐，恋爱后火速辞职，搬进男友的一居室，开始了洗手做羹汤的主妇生涯。她的理由很简单，想要照顾好男友的衣食住行，以全身心的力量去爱他。为此，她舍弃自己处于上升期的工作，放下苦心经营的社交圈。

和男人的英雄梦相对应的，是女人们的爱情梦。她们会不由自主地渴望着牺牲和奉献，以此来标榜自己爱得深沉、爱得伟大、爱得轰轰烈烈。

可爱情回报的，却不太尽如人意。比如颖小姐，也在用力爱过后惨淡收场，因为她除了爱情一无所有，现实慢慢催熟了潜伏的强烈

不安和焦虑,她开始对男友的一切交际都杯弓蛇影。吵吵闹闹了大半年,最后两人都筋疲力尽,只能黯然地分道扬镳。

后来她说,当一个人的世界里只剩下爱情,爱便画地为牢,把自己死死困住。为爱失去自我的人,总是可悲又可恨。

彼时的她早已走过大半个中国,游荡在山山水水里,看见日出日落,感受潮起潮落,方知天地广阔,个人之渺小根本不值一提,更何况那些狭隘的小情绪小悲哀。

世界丰富多彩,江上清风与山间明月,哪一样不令人神清气爽、心生欢喜?努力工作与奋力向前,哪一样不让人内心充实、自信满满?

眼界扩大、心胸开朗之后,便会明白一个人的幸福与价值,与爱情有关,但不由爱情决定。

4

我收到过各式各样的读者咨询,其中至少有90%关于情感困惑,困惑的主体,又以女性居多。

太阳底下无新事,情感里的问题虽有细节上的千差万别,概括起来也不过是我爱了他,他却爱了她。难得遇到两情相悦,却又陷入相爱容易相处难的境地。

深入聊下去,我发现这些姑娘有个共同点,她们都活在自己的小世界里。喜是为他喜,怒是为他怒,所有的情绪甚至生死都间接操控在别人手里。这很可悲,也很可怕。

儿时看《神雕侠侣》，只觉得杀人不眨眼的李莫愁面目可憎，长大后再看，蓦地明白了"可恨之人必有可怜之处"。

初出江湖的少女李莫愁，曾是个鲜妍明媚的好女子。她与陆展元相知相爱，本欲托付终身，却被无情抛弃。

无处排遣的伤痛酝酿成了十足的恨，她便掀起腥风血雨，与整个江湖为敌，最终在熊熊大火中惨死。

她是让人闻风丧胆的女魔头，也是为情所困的小女子，一生摆脱不得的，都是爱情带来的苦和泪。殊不知爱情之外有江湖，江湖之外有生活，生活之外有世界，世界之外，还有宇宙。

多的是比卿卿我我、花前月下更重要也更宏大的事，只是情爱和回忆结成一张密不透风的网，无数痴男怨女在网中耗尽一生。这样的故事前有古人而后有来者，那些哀歌怨曲，从来都不是谁的独角戏。

真正有大格局、大智慧的人，心底藏着柔情，眼睛却看得到大千世界、芸芸众生。他们都明白，对待爱情，痴狂但不疯狂，沉醉但不沉溺。

毕竟这爱海滔滔，能载舟，亦能覆舟。

我从不否认爱情的伟大，我否认的是把爱情当作唯一追求的病态价值观。因为那样的人生，普通人消受不起，就连贩卖风花雪月的琼瑶，最后也不过是一败涂地。

看到爱情之外的广阔天地，也该列入我们的人生必修课。

我和高中同学结婚了

1

阿娇和阿志的婚纱照，有一组是在我们的高中拍的。

他们穿着当年那种丑不啦唧的肥大校服，在足球场、教室甚至小卖部摆pose（姿势）拍照，活生生复原出了情窦初开时的欲语还休。这些照片在婚礼上播放时，坐在台下的一干高中同学都哭成了泪人。时光里深埋着的秘密和思念一起卷土重来，可青春少年梦里的那个人早已远在天涯。从校服走到婚纱、从青涩走到成熟的，始终不过寥寥数人。

刚好是在一起的第十年，所以他们的婚礼主题用了一句矫情却励志的话："十年，在路上。"

2

　　蒹葭苍苍，白露为霜。所谓伊人，在桌一方。

　　这句话是阿志当年的秘密，他喜欢上了前桌的漂亮女孩阿娇，开始优哉游哉，辗转反侧。可他什么也不敢表露，因为对他来说，最重要的事情是学习。在重点高中里读书，本身就压力很大，再加上父母家人的殷切期望，让阿志只能把这份喜欢埋在心底。

　　一个学期过后，他们已成了无话不谈的好友、学习上互相鼓励的伙伴，一起挑选教辅书，一起比赛背单词。有时去食堂吃饭的路上，还互相提问背课文。所有老师都夸他们聪敏好学。

　　所以，他们的功课未落下分毫。

　　其实我们还有漫长的一生可以相互陪伴，真的不需要把学习的时间全部用来嬉笑玩闹。倒不如共同努力，一起去考一所理想的大学。

3

　　可是高考时，阿娇比阿志少考了20多分，两人翻看了一整天招考指南，胆战心惊地填了志愿，结果还是一南一北千山万水。阿志上了北京一所"985"高校，阿娇则留在昆明本地的大学，开始了长达四年的异地恋。

　　一进大学，阿娇便通过竞选当上了班长，加入了各种各样的社

团,忙忙碌碌的学习工作和丰富多彩的活动冲淡了她对阿志的思念,每天一个的电话渐渐成了例行公事,又慢慢沦为压力和负担。

能聊的话题越来越少,两个人的交集随着时间与空间的阻隔不断缩小,最后只剩下气若游丝的爱。而这点儿可怜巴巴的爱,根本不足以支撑起未来的山河岁月。

于是,阿娇提了分手。

"我不想继续了,我对你没有感觉了。"她说完这句话便匆忙挂了电话,又手忙脚乱地关了手机,刻意不留余地。当时已是夜里十二点,阿娇只觉得一颗心似乎隐到了沉沉的黑暗里,连自己都看不清。

第二天一大早有两节课,她把关闭的手机扔在宿舍就匆忙赶去上课,下课后刚出教学楼,就看见一脸倦容的阿志出现在面前。

惊呆了的阿娇下意识地朝他奔跑而去,那个熟悉的怀抱依旧温暖。她泣不成声,未见面时什么狠话都能说出口,可所有的决绝都在拥抱那一刻化成了温柔。

那时似乎是初春,昆明的樱花已经开满全城,一切又都迎来了转机和希望。

当时阿志花了将近两个月的生活费,买了最早的一班机票飞到昆明,为了去给心爱的姑娘一个拥抱,为了挽回岌岌可危的爱情。

异地恋里的很多纷争和矛盾,其实都可以用一个拥抱来化解,只是很少有人能够像阿志一样奋不顾身且孤注一掷。

阿志在阿娇的学校里待了一周,陪着她上课、吃饭、散步、自习,在每个角落都留下了他的足迹。

他说:"想我的时候,你就会觉得到处都有我的痕迹。"

那四年是怎么坚持下来的呢?至今说起似乎仍有一把心酸泪。

阿娇记得自己缩在阳台角落里,边打电话边号啕大哭;记得自己在古代汉语课上朗诵"相见时难别亦难,东风无力百花残"时忽然失控流泪;也记得陆陆续续有几个英俊优秀的男生从自己的世界路过……

阿志又何尝不是呢?

那几年他做过家教炒过股,把挣来的钱全部贡献给祖国的交通事业;为了省钱买深夜起飞凌晨到达的机票,在机场的长椅上凑合到第一辆机场大巴到来;也坐过40多个小时的硬座火车,一路颠簸在思念的痛苦和甜蜜里。

好不容易熬到大四,团聚在望时,阿志却接到了北京一家外企的橄榄枝。

其实他们之前已有回乡的计划,在其他同学懵懵懂懂犹豫着考研还是工作,回乡还是闯荡时,他们已经将计划细化到报考公务员的哪一个岗位,买哪个位置的房了,甚至床单的颜色、电视的大小。

可是那一天,阿志犹豫着告诉阿娇:"我想趁着年轻闯荡一番,

要不然我会后悔。"

阿娇开始忐忑不安，她无法阻止爱人海阔天空的梦想，也不能再忍受蚀骨的相思之苦。许许多多爱情悲剧都告诉我们，走上社会，面对不同的工作环境和平台，原本相似的两个人会越走越远。所以阿娇辗转反侧，为一个艰难的决定迅速消瘦。

就在我们以为这段爱情即将偃旗息鼓时，阿娇却出人意料地打点行装北上，义无反顾地当了北漂。

刚刚毕业的两个人租了一个小小的隔断间，在北京这座大大的城市开始了相依为命的生活。

后来阿娇告诉我："我想和他一起奋斗，也想守护他的梦想。我们要在一起一辈子呢，总有一个人要妥协退让。"

北京居大不易，两人苦干了两年，住上了像样的一居室，可买房依旧遥遥无期，事业似乎也停滞不前，再没了当初的雄心万丈。

阿娇萌生退意，阿志却不肯放弃。他们开始争吵，不悦和不满都在压力里静静发酵。

阿娇的悲伤在一个腹痛难忍却不得不挤地铁去上班的上午到达了顶峰，她捂着肚子蹲在汹涌的人潮里默默流泪，心里已经开始收拾两年来的一地狼藉。

想不到的是，腹痛却是怀孕的前兆。阿志得知消息时兴奋得跳了起来，猛地扑过来要抱阿娇却又弹开，一边搓着手一边解释："我怕碰到他。"

但阿娇神情落寞："我以为你会不要他。"

"怎么可能？"阿志反驳道，"这是我和你的孩子。"他的表情严肃起来，两人沉默下来，简陋的小屋里一片凝重。

良久，阿志走过来轻轻拥抱这个爱了快十年的姑娘。他说："那我们回去吧，这一次换我妥协。其实我也犹豫过，也许我们真的不适合在北京。"

一个月后，两个人辞职回家，阿志开始准备家乡的公务员考试，那个策划多年的婚礼，也终于提上日程。阿娇在婚礼上泪流满面："我终于还是嫁给了我的高中同学，十年，还好我们牵手走过来了……"

我看了看身边坐着的高中班主任，老太太微笑着鼓掌祝福，而我，却莫名其妙地难过起来。

我想起了当年的自己，也爱着一个风度翩翩的弱冠少年，可是后来的路那么长，连绵不断的分岔口、纷至沓来的艰难险阻，我们不知不觉就放开了对方的手，走到完全不同的人生里去。

一段爱情，要走过多少磨难才能够开花结果？

一对男女，要做出多少选择和牺牲才能缔结连理！

为什么那么多初恋走不到最后？为什么那么多人没能和高中同学

结婚？

因为爱情也是一场艰苦的修行啊！曾经爱到死去活来的两个人，未必能在漫长的时光里一起经受成长的阵痛，以及生活的惊涛骇浪。

请允许我用自己的
方式来爱你

1

农历七月初八，雨。

七夕的一丝温存气息尚存，这初秋的雨，倒也下出了几分春天的缠绵。

可那天，她又和男朋友闹别扭了，一气之下，"分手"二字又冲到了嘴边。

因为，他忘了送礼物。

他解释说："最近赶项目，七夕那天全组成员加班到深夜2点，忙忘了，对不起。"

她不依不饶："你心里没有我，如果你爱我，时时刻刻都有空！"

男朋友的头大了一圈，连续加班一周的脑子还晕晕乎乎的。那

直来直去的直男思维，还暂时理解不了这种毫无因果和逻辑可言的说辞。

他爱这个姑娘，毋庸置疑。两人确定关系后，他做了详细的职业规划，工作格外认真，连加班都甘之如饴。因为他想多赚点儿钱，好早日把她娶回家。

男人眼中的爱情多是务实而长远的，他们考虑的是更客观庞大的未来。而女人执着于风花雪月，即使到了30岁，也对红玫瑰、巧克力和口红毫无抵抗力。

爱情这件事，男女有别。再准确一点儿说，是人人有别。

只是大部分人，尤其是女人盯着的，都是通行版的爱情故事。大家喜欢以别人的相处模式为标准，以此来判定对方是否优质，甚至决定终身大事。

可浪漫和爱情，都不是流水线上生产出来的标准化产品。

黄晓明曾做过一件霸道总裁范十足的事情。

据说，在片场拍戏的Angelababy（杨颖）想吃冰淇淋，黄晓明便从大老远飞来，二话不说买下一整条街的哈根达斯放进冰柜，让自己的爱妻尽情享用。

那天，我和琳琳一起看到这个八卦，她也突发奇想地给老公发了条信息，撒娇说："人家也想吃冰淇淋嘛！"

"作死吧你！"她老公发过来一个怒气冲天的表情，"你体寒，胃也不好，是皮痒痒了吗？"

琳琳撇撇嘴，嘴角却荡漾起笑意。

我见过她老公，一个体魄强健的彪形大汉，外表粗糙，讲起话来插科打诨，正经八百的情话一句没说过，却神奇地记得住琳琳的生理期，总是粗声大气地禁止她食用一切寒凉食物。

除此之外，他还会霸道地勒令琳琳喝下红枣汤小米粥，穿上厚棉袄大秋裤。

谁敢说这不是爱？爱换了一种方式，披着简单粗暴的外衣，却难掩内里的脉脉温情。

爱情的表现形式，本就不止千依百顺的宠溺一种。

他未必会为你下厨做饭，但始终拼杀在职场最前线，努力挣钱许你美好明天；

他不一定会在朋友圈秀恩爱，但迫不及待地带你走进他的社交圈，认真地把你介绍给亲朋好友；

他或许不会把你宠成女儿，但会鼓励你追求梦想，去活成自己最想要的模样；

……

判断一个人爱你有多深，绝对不能只看简单的一个点。毕竟，人人生而不同，每个人说"我爱你"的方式都不一样。

一千个人,就有一千种对爱的理解和呈现。

3

几乎时时刻刻都有女性读者在问我:他到底爱不爱我?

少女时代,我们热衷于星座占卜,用塔罗牌和心理测试来小心翼翼地计算两个人的亲密度与匹配度。

到了男婚女嫁都如约来到面前时,我们又四处张望着,企图从别人家的生活里窥见爱情的模样。

许多人神神秘秘地以过来人的姿态发表宣言:"他爱不爱你,只看这一点!"

哪一点呢?

五花八门的答案纷至沓来,今天是会不会给你买口红,明天大概就变成了愿不愿为你24小时有空。

爱情这种神秘莫测的东西,似乎一下子就找到了可遵循的规则、可模仿的范本。于是你积极主动地为爱情设置条条框框,一个个往自己身上套。

姑娘们的心情起起伏伏,在"他爱我"和"他不爱我"之间徘徊纠结,情绪都被别人的论断牵引着。

这样的情感导师,往往用特殊性概括普遍性,以偶然性代替必然性,用个人经验来指导众生。

很多时候,你缺的都不是爱情,而是对爱情的感受力与鉴别力。

他爱不爱你，不是别人定的规则说了算，而是你的感受说了算。

4

其实我特别理解这种心情，大概类似于小时候交了卷，便三五成群地围在一起对答案。

哪怕是开放性的问答题，我们也会因为自己写下的没和参考答案一模一样，而沮丧忧伤大半天。

这样的情绪放在漫长的人生道路上，便是处处找参考、时时设标杆。

爱情当然也不例外，靠着标准答案来按图索骥，似乎一步就能走到花好月圆里去，省心又省力。

可你低估了人性的复杂度与多样性，个体对情感做出的反应，是其性情、经历和背景等诸多因素相互作用而做出的综合反应。

沈从文追求张兆和时，是个没钱没颜值的穷先生。而出身名门的张兆和姿容秀丽，追求者众多。

人人认为沈从文是癞蛤蟆想吃天鹅肉，不料他用一封接一封的情书，打动了张兆和乃至整个张家，最终抱得美人归。

我极爱那一句："我行过许多地方的桥，看过许多次数的云，喝过许多种类的酒，却只爱过一个正当最好年龄的人。"

那颗文艺女青年的心蠢蠢欲动，也渴望自己能在某个人的诗里流芳百世。

谁料爱上我的人,对诗词歌赋全无兴趣。他的追求方式是煎炒炖炸,用西红柿和小青菜代替了玫瑰诗篇,研制出了许多为我量身定做的美食。

可我竟然很喜欢,虽然心中有点儿小遗憾。我开始意识到,两个人的恋爱,代表不了全世界的精彩。能写情诗的,并不只是笔墨纸砚,还包括柴米油盐。五味做韵、三餐为律,照样咏得出一世深情。

别人家的生活并非没有参考价值,依葫芦画瓢却迂腐可笑。

爱情规律隐藏在千千万万事例中,其实也包括你们的那一种。你要做的是总结归纳,根据自身现实来灵活处理,而不是照搬。

所以,请认真感受他的眼神和心意,允许他用自己的方式来爱你,千万别把他人的表现当作衡量爱情的唯一标准。

经营好自己的生活与爱情,才是通往幸福的最佳途径。

不稀罕在宝马里哭，
但也不想在自行车上笑

◆ ◆ ◆

1

　　分手那天，杨小米放了一句狠话："对啊，就是不想再过穷日子才分手的啊！"

　　蒋明轩气得青筋暴起，嘴唇也哆嗦起来。他狠狠地把杨小米盯了好几分钟，最后才一字一顿地说："我真没想到，你是个这样的拜金女！"

　　假如时光倒流几年，这句话或许能对杨小米产生些杀伤力。

　　那时她很看重爱情，把真心看得比什么都贵重。可如今她已经27岁了，红尘里打过好几个滚，再玲珑剔透的玻璃心，也会被生活磨得粗糙而坚硬。

　　想想也真悲哀。

　　当初爱上他，其实已经做好了吃苦的心理准备。知道他家穷，她

从未要求房子车子票子,甚至悄悄把自己用惯的迪奥换成美宝莲,铁了心要跟蒋明轩做一对同患难共富贵的模范夫妻。

父母来了好几个电话,苦口婆心地劝女儿回家。毕竟蒋明轩这只山里飞出的金凤凰,很难在繁华的水泥森林里活出他希望的精彩。

可杨小米油盐不进,自顾自顶着6月的大太阳去看房租房,又吭哧吭哧布置出一个简陋的小家。

毕业那天,蒋明轩骑来一辆自行车,杨小米抱着铺盖卷跳上后座,将头紧紧贴着男友的背,满心欢喜地向人生下一站驶去。

他改口称呼她"老婆",嘴里喃喃说着"我一定会让你过上好日子"。她伸出手摸他的头发,也情意绵绵地表态:"我宁愿坐在自行车上笑,也不愿意坐在宝马里哭。"

可穷很快就以排山倒海之势袭来。

父母见女儿不肯妥协,便也干脆利落地停了她的生活费。

无奈之下,杨小米只好仓促接受了一家小私企的offer,不情不愿地做了一个文员。

蒋明轩却心怀大志,寻常工作瞧不上,在人才市场寻寻觅觅了一个多月,最后还是铩羽而归,沦为家里蹲的青年才俊。

钱很快就用完了,工资却被精明的老板刻意扣押。杨小米心急如焚,她试探着建议蒋明轩:"要不你先找份工作?好歹先糊口。"

一手握着鼠标，一手夹烟的男人却摇头否决，原来他看出了电商的大势所趋，决定也开家网店，借着时代东风走上人生巅峰。

小米无奈，只得默默出门，用身上仅有的50元钱买来几把挂面、几瓶老干妈，到家后又支开小电锅，悄无声息地做饭。

白雾升起来，模模糊糊的一大片，她只觉得眼睛酸酸的，鼻子也酸酸的。

从那以后，面条、盖饭、麻辣烫轮番登场，三餐马马虎虎就被打发过去。穿的就更不用说了，淘宝购物车装满，不超过100元的衣服放到降价、下架，最后讪讪地删除。

日子一苦，脾气似乎就会疯长。暴躁易怒被生活仓促地拉了出来，温顺的杨小米竟也学会了骂人。

骂完后，两人抱头痛哭。蒋明轩一遍遍说，"求你给我时间，你要相信我。"她的抵抗和不甘，就都在温柔中可耻地沦陷。

这座繁华都市广厦万千，但他们的立锥之地只有那小小的旧屋，以及彼此的心。

这样的男孩女孩，城市里一抓一大把，个个有故事，但千篇一律。

有情饮水饱不是真的，但相濡以沫也不是假的。吃苦的决心和毅力，也不是假的。

愿所有姑娘，都能嫁给梦想

3

网店没生意，两个人的衣食住行都靠着小米的微薄薪水来支付。

不得已之下，她找了个兼职来做，每天下班后去给一个初一的女孩补习，语数外都教，每天两小时。

开始时，蒋明轩会来接她下班，依然骑着毕业买来的那辆自行车，手里还拎着一碗热气腾腾的麻辣烫。

小米先是一喜，随后却尴尬起来，她还穿着上班时的一身套装和高跟鞋，以这样的装扮站在路边吃一碗麻辣烫，多少会有些为难。蒋明轩看出了她的犹豫，脸上的笑也渐渐凝结起来，他一声不吭地走到垃圾桶边，将麻辣烫重重地投了进去。

"你有病吧？我回家吃不行吗？"她怒吼起来，眼泪却打着转儿，为那份10块钱的麻辣烫伤心欲绝。

回家要经过一条繁华的商业街，自行车显得那么格格不入。杨小米一路都僵硬着身体，不肯用脸去贴蒋明轩的背，她总感觉有人在行注目礼，霓虹灯把他们的穷困凄惶渲染得赤裸而透彻。

一男一女和一辆自行车，需要青春、校园与林荫路的共同点缀，才拼凑得出爱情的美好来。可一旦转换了时间和场景，心动就化为心酸，浪漫也变作可怜。

幸福的本质相通，模式却无法兼容。

十几岁时的自行车代表青春逼人，到了二十几岁，就只能暗示穷

困潦倒。

❹

他们有过一个孩子,在毕业后的第三年。

蒋明轩欣喜若狂,在小屋里兴奋得团团转,嘴里不停嘀咕着该怎样做孕妇餐、儿子该取什么名、女儿该穿什么裙子。

他依然没有工作,战场由淘宝转到微信,月成交量依然在个位数徘徊。杨小米的态度却淡淡的,好半晌才说:"我不想生。"

"为什么?"蒋明轩不明所以,杨小米抬头环顾着这小小的单间,不咸不淡地提出问题来:"我们,就把孩子生养在这个地方吗?"

"可以送回老家,让我父母照顾啊。"蒋明轩揽住她的肩,"你放心,我会马上去找一份工作,我会做个好爸爸的。"杨小米的鼻子忽然一酸,下意识地摸了摸自己的小腹,心终究是软了下来。

蒋明轩果然走出了家门,可工作极其不顺,短短一个月内就炒掉两个老板,钱自然也没赚回一分。

杨小米化悲愤为动力,将挣奶粉钱默默归为自己的任务,对蒋明轩,也渐渐有些爱搭不理。

可每天下班走出公司,那辆自行车都会按时停在门口。同事们起哄:"哟,小米,真羡慕你有个好老公!"

杨小米顺着她们的声音看过去,感受到的却是芒刺在背的同情。

她怀孕4个月了,肚子显出了一点点,正是金贵娇弱的时候,却由一辆自行车来来回回地送。

同事们投向她的每一道目光,都赤裸裸地写着怜悯。

5

孩子最终没有生下来。

那天傍晚很闷热,载着孕妇的自行车像往常一样穿梭在车水马龙间,可路上却忽地狂风大作,暴雨在两分钟内倾盆而下。

杨小米着急起来,双手紧紧护着肚子,嘴里则不断催促,因为心急,埋怨和责骂都夹杂了几句。蒋明轩又急又气,一分神,便连人带车摔倒在地……

殷红的鲜血顺着杨小米的大腿流出来,和地上的雨水混成小小的一股血水。许多人围拢过来,杨小米却出人意料地平静,她卧在地上面无表情,只觉得自己和蒋明轩的最后一丝纽带也被无情地割裂了。

小月子坐得很不容易,因为心和身都在痛,凌迟和折磨都加了倍。

但也只休养了短短一个月,时间一到,杨小米便急着重返职场。蒋明轩很是心疼,不无忧虑地问:"你吃得消吗?要不再休息几天?"

"那你养我吗?你拿什么来养我?"杨小米一边换高跟鞋,一边冷冰冰地问。

蒋明轩的脸色一下子就沉了下来:"杨小米你太瞧不起人了,等我有钱了……"

"求你拿钱来砸我!"杨小米飞快地拎包出门,只留下一句不带任何感情色彩的揶揄。蒋明轩垂下头,颓然坐在电脑前,打开求职网站,又心烦意乱地关闭。

6

分手前半年,杨小米忙成了空中飞人,她升了职加了薪,开始全国各地出差开会。

回到租住的小屋,却见蒋明轩一脸颓然地坐在电脑前,简易桌上的方便面碗似乎放了好几天。她叹口气,默默地把垃圾收起来,又默默扫地拖地,却对蒋明轩的示好无动于衷。

爱情离开时,并没有哀伤的音乐来伴奏。那些悄无声息的离去,代表着的往往是后会无期。

蒋明轩号啕大哭:"你不是说,宁愿坐在自行车上笑?你骗人!"

杨小米摇摇头:"可我快30岁了,坐在自行车上真的笑不出来。"

那个陪你吃苦的姑娘,终究没有陪你走到最后。

但打败爱情的,倒不一定是万恶的金钱,而是金钱透露出来的那些观念、思维与能力。

所以他们，就这么分开了。

后来，杨小米认识了一个客户，一来二去地擦出了火花，不到一年就穿着定制婚纱美美地做了新娘。

求婚礼物是一辆车，虽然是很常见的普通品牌，但她笑得很开心。

宝马和自行车从来都不是非此即彼啊，爱情根本无法用这样的极端来衡量。

为什么不能坐在一辆普通汽车里，淡定从容地去过有哭有笑的人生呢？

好好学习，
将来才能嫁个好人家？

1

在肯德基啃鸡腿，无意中听到旁边一对母女的对话。

妈妈说："你这次又没考好，再这样下去就考不上好学校了。我看你以后怎么办？"

女儿约莫10岁，正大口大口往嘴里塞冰淇淋，她嘟嘟囔囔地反驳道："那我就结婚啊，嫁一个王子！"

"做梦吧！"妈妈泼冷水，"不好好上学，王子看得上你？你连认识他们的机会都没有！"

后一句话吸引了我，我仔细打量了一下，只见这位妈妈穿着普通，用脂粉随意掩盖了一下脸上的憔悴。此刻她正语重心长地教育女儿："好好学习，将来才能嫁个好人家。"

类似的话，我小时候也听过。

好好学习意味着全新世界的开启和认知的提升。对一个出身不高的女孩来说，读书的最直接好处就是开阔眼界，以便日后结识更多优秀男人，为终身大事创造条件。

嫁给王子的第一步，是接近王子。所以你要亲手打造一双水晶鞋，用前半生的努力来换取舞会的入场券。

而这种努力的最直接、最简单表现，就是读书。

"好好学习，以后才能嫁个好人家。"

这话不假，可仔细一琢磨似乎又不对，因为它的重心在"嫁个好人家"。

20世纪30年代，上海有所声名远扬的女子中学，名叫中西女塾。宋氏三姐妹与张爱玲，都毕业于此。

它的风格是贵族化的，教女孩们怎样组织沙龙和晚会，怎样成为得体而优雅的女主人。

在当时的上海，富贵人家的标配是西郊有别墅，家里有美国汽车，先生有一抽屉各种颜色的领带，女儿则都在中西女塾上学。

就连中等人家，也会节衣缩食地把女儿送进去镀金。有人希望女儿在此接受最好的教育，但大部分父母，却把中西女塾的毕业证视为一份上好的嫁妆，因为中西女塾熏陶出的西式淑女做派，就是嫁入大户人家的敲门砖。

一个接受过良好教育的女人，的确更有成为好妻子与好母亲的资质，因为那些无形的文化教养，都会化为具体的待人接物之道，在婚姻家庭生活中润物无声，甚至惠及几代人。

可很少有人会在意，那个博览群书、学识渊博的女人，是否愿意终身囿于家庭，用生儿育女来展现自己的全部价值。

读书可以成就一位好太太，但成为好太太，并不是读书的唯一目的啊。

我的朋友阿南，一直都在为相亲焦头烂额，每当春节临近，老家的催婚大军便齐备粮草准备大战一场。

一进腊月，妈妈就开始计划阿南的假期日程表：大年初二约见甲先生，初三和老同学家的儿子喝咖啡，初四参加婚礼，正好从伴郎队伍中物色物色……

阿南提出抗议："我还不想结婚，我还想边工作边考博。"

"什么？"妈妈急火攻心，"女博士就是'灭绝师太'你懂不啦？你今年28岁啦，再过两年就真成老姑娘了，高龄产妇生孩子有多危险啊……"

她无奈地翻了个白眼，已经想象到了春节时的逼婚"盛况"。

其实也不陌生，毕竟这种戏码从她本科毕业便年年上演，只是随着年龄增长，催婚节奏和频率都强烈起来罢了。

  长辈们的看法简单而一致,女孩子呢,最好就是考个不错的大学,靠一纸文凭来谋一份稳定安逸的工作,然后相夫教子,尽快把自己修成人人称颂的贤妻良母。

  毕竟世俗眼光中的成功女人,都必须配置一个有丈夫有孩子的"圆满"人生。

  很少有人会在意女孩们的梦想,这两个字在她们的幼年时代曾代表无限可能。但一过了二十几岁,就被社会专横跋扈地统一为做妻子、做母亲。

  哪怕她们也想要去做歌唱家、舞蹈家、科学家、画家……

  许多女生大学毕业后,都会被要求考公务员或事业单位,捧上体制内的铁饭碗。

  这种考虑,一方面是出于稳定,另一方面却立足于生儿育女等"女性分内事儿"。毕竟在中国的大部分家庭,都会把照顾家庭默认为妻子的义务。

  另一个朋友,新闻专业出身,毕业后考过公务员,屡战屡败。后来又考教师,从最偏远的乡村做起,三年后调到郊区。

  那时我们见过一面,她抱怨声不断,说起自己的工作来,总是一副无精打采的样子。隐约记得当年的她崇拜着柴静,也曾把"铁肩担道义,妙手著文章"当作自己的理想。

聊起这个话题来,她叹气:"当时已经去报社实习了,可我妈不许,一哭二闹三上吊地逼我回家。"

后来,听说她的父母又找了各种关系,终于把她从郊区调回城里,紧接着便谈婚论嫁。最近偶遇,她已经是一个两岁男孩的妈妈,正带着孩子在超市门口坐摇摇车。

我们停下来寒暄,她一边说话一边盯着儿子,话题也变成了些婆媳姑嫂之间的吐槽与不忿。

说了大半天,感觉接不上话,我只得告辞离开。片刻后回头再看,她正吃力地抱起孩子,又弯腰去提地上的购物袋。袋子里满装着蔬菜瓜果,看上去沉甸甸的。

我又想起了10年前,高考完填报志愿,她的所有志愿里,都只写"新闻"。

满心都是惋惜和遗憾。

那双曾经准备握笔杆、拿话筒的手,现在洗衣、做饭、带孩子。

倒不是后者卑微,而是主体的心不甘情不愿,眼睁睁看着所有的努力和梦想都付诸东流。

当然,结婚和生儿育女都不是坏事。

但它们,并不能成为女性的终身事业。我们努力去汲取知识、开阔眼界、增长能力,不是为了靠着它们去接近更高层次的男人,而是

为了丰富自己的人生。

著名舞蹈家杨丽萍曾经说:"有些人的生命是为了传宗接代,有些是享受,有些是体验,有些是旁观。我是生命的旁观者,我来世上,就是看一棵树怎么生长,河水怎么流,白云怎么飘,甘露怎么凝结,花儿怎么开的。"

不是所有女人都享受相夫教子的世俗人生,总有些姑娘志在星辰大海,她们并不需要婚姻来作为不枉此生的证明。操持家务和生儿育女,也不是女性成长的最终归宿。让结婚成为一种选择,而不是义务。

等我有了女儿,我会告诉她:"好好学习,你可以到一个更大的世界,接触更多的东西,你会知道自己真正要什么,你会懂得怎样过好这一生。"

这才是读书的真正目的。

我为什么希望你嫁给爱情

◆ ◆ ◆

1

嫁给爱情，日子过得会更有滋有味。

《平凡的世界》里，有一个嫁给"合适"的姑娘，她叫田润叶。

婚礼前一天，她呆坐在梳妆台前，任由婶婶为自己梳妆打扮，一双眼睛却空洞洞的，丝毫不见新嫁娘的喜悦。

因为田润叶并不爱即将成为自己丈夫的李向前，她的心早就给了青梅竹马的孙少安。

田润叶出身农民家庭，但家境宽裕，父亲也思想开明，所以一路过五关斩六将走出乡村，考进师范学校，毕业后有了稳定的工作。

可她的心上人孙少安却因为家境贫寒而辍学，早早回家劳动，变成土地里刨食的村里人，与端铁饭碗的田润叶自然无法同日而语。

所以即便润叶一再示爱，孙少安也狠心地一次次把她推开。无奈

之下，田润叶只得顺从家人安排，把自己的婚姻当作了叔父升迁的筹码。于是穿上嫁衣，成为李向前的妻子。

婚后的田润叶心如死灰，她很少和李向前交流。结合原本是为了幸福，但婚姻却拿走了两个人的快乐。

虽然在故事的结尾处，路遥用车祸来唤起田润叶的爱，但我觉得，那种爱由同情、愧疚与责任交织而成，靠它来支撑余生，未免太可怜。

许多人告诉过你，婚姻不易。

而这种不易，大多来自平淡岁月的琐碎和漫长，当两个人的吃喝拉撒相连，曾经的许多神秘和幸福都会被仓促打破。同一个屋檐下的日子，从来都不如想象中那么浪漫美好。

你想啊，一天24小时，一年得相对8760小时，30年便是262 800小时。

假如没有些闲话来讲、没有些肢体语言来接触、没有些事情来一起做一起玩，又怎么度过这漫长的262 800小时？

婚姻其实就是张白纸，爱情存在，才能赋予它最动人的色彩。

就像《浮生六记》里的沈复和芸娘，刻一对印章、谈谈《西厢记》、看看月亮吟吟诗，把婚姻里的苟且，都活成诗歌和远方。

嫁给爱情，才更情愿包容对方。

看过一本书，名叫《男人来自火星，女人来自金星》。

它提出了一个残酷却不争的事实：所谓的天作之合根本就不存在。因为男人和女人本身就是两种完全不同的物种。他们在思维模式、语言表达和行为方式上都迥然不同。

举几个简单而常见的例子：

我工作不顺，回了家便唠唠叨叨。高先生坐过来，一条条地帮我分析，并提出解决办法。

可他越出主意，我越烦躁不安。我会感觉他在忽视我的感受，让人感受不到一丝爱意，于是便不知不觉地出口伤人。他却认为我毫不领情，心灰意冷再加上我的"扑克脸"，一场架就莫名其妙地吵了起来。

下班回家，炒菜做饭，饭后却都不愿意洗碗，躺在沙发上相互推诿。推着推着，怨和怒就都起来了。

结了婚你才会知道，和另一个人朝夕相对有多难。我们来自不同的家庭，具有不同的性格，相处起来，绝不可能一帆风顺。

所以，在夫妻相处中，最珍贵的品质是尊重和包容。而一辈子的尊重和包容，只有发自内心的爱意能作为支撑。

试想一下，两个并不相爱的人，势必会在日复一日的矛盾冲突里势如水火，将日子烧成一堆不带温度的灰烬。

而那些相互深爱着的人，往往会在"分手"脱口而出的一刹那抱头痛哭。因为他们都无法想象也无法承担失去对方的余生。

哪儿有什么天生的好脾气？无非是因为我爱你。

3

嫁给爱情，更能坦然面对命运坎坷。

不久前，我读到一个真实故事，主人公是一个来自大凉山的彝族男人。

这男人很年轻，20岁上下。他带着同样年轻却病魔缠身的妻子，跋山涉水地来到城市求医。

全身上下只有几千块钱，还是他挨家挨户磕头作揖借来的。女人的具体病情很严重，手术成功率并不高。

县里的医院治不好，几乎所有人都给这年轻妻子判了死刑。唯独她的丈夫拼尽全力，不顾一切地带妻子去更好的医院。

好在天佑良人，手术很成功，男人高兴坏了。这时，身上的钱已经所剩无几，他靠着馒头咸菜填饱肚子，脸上却一直是喜气洋洋的。

但这场大病还有个后遗症，那个女人也许会终身不孕。

这在偏僻山村意味着什么是不言而喻。可做丈夫的却哈哈笑起来："这就是说，她可以活下去了嘛。"

故事到了这里，就有了一个完美的结局。两个年轻人愉快地回到大山，继续男耕女织。

没人敢说他们不配有爱情，过命的感情就是爱的最美注脚。哪怕这个故事里，对爱情只字未提。

为什么要结婚？

我的答案，是分担与分享。就像舒婷写的那句诗："我们分担寒潮、风雷、霹雳；我们共享雾霭、流岚、虹霓……"

人生太漫长，数不清的风暴等在前方，而我们结婚的最直接目的，其实正是寻找一个志同道合之人，一起对抗命运的哀伤，一起走过生活的阴霾。

有爱打底，彼此的真心和诚意都会足一些，路也会相对好走一点儿。

梁静茹说："爱真的需要勇气……"

但我想告诉你，爱也能激发勇气。

嫁给爱情，未来会更值得期待。

知乎网友分享过一个故事，主角是她自己。

她曾有一个男朋友，刻骨铭心非君不嫁的那种。可因为这样那样的原因，两个人最终分道扬镳，她回了老家，立刻成了父母长辈的逼婚对象。

没办法，只好走上了相亲之路。

见了一个又一个，高的、矮的、胖的、瘦的，可谁都赶不走心里的那个影子。最后只好抱着过日子的心态，由父母为自己挑选了一个结婚对象。

平心而论,小伙子不差。但她就是激荡不起心动的感觉来,尽管他们也一起吃饭、看电影,做情侣间该做的一切事。可拥抱的时候,内心总是空荡荡的,对未来始终抱着听之任之的态度。

然后,婚期近了,男方兴高采烈地准备婚事。她却以身体不好为由,完全将自己置身事外。

从前不是这样啊。

当年躺在前任怀里,她无数次想象过结婚那天,要穿怎样的婚纱、婚床选什么款式、煎锅需要多大尺寸,事无巨细,一点一滴,用力而用心地规划着两个人的未来。

就像那句话说的:"一想到要和你共度余生,我就对余生充满期待。"

说到底,还是要有爱情。

结婚,是选一个漫长余生里的亲密伴侣。假如没有半点儿期待和渴望,余生或许就形同枯井,毫无乐趣可言。

想想都让人不寒而栗。

可总是有人告诉你,嫁给爱情并不现实。

她们惯于现身说法,用自己积累了大半生的经验来劝服你:"讲究不是美德,将就才是智慧。"

嫁给金钱吧,房子车子能让你有安全感。

嫁给合适吧，会省去许多麻烦和负担。

嫁给门当户对吧，能减少许多冲突与纠纷。

对实用主义者来说，这的确不失为好办法。也确实有许多人，把婚姻当作助力人生的一个实用工具，飞快地改善生活、提升阶层。

可那样的生活，可能就像炒菜不放盐，没滋没味的，勉强能下口，却寻不到半分痛快和欢愉，还不如不炒这盘菜。

因为爱情这个抽象词汇，会折射到婚姻的具体细节里，深刻影响婚姻质量和生活品质。那种无法用语言来准确描述的内心感受，能够支配夫妻双方的言行举止。

而一个微笑、一个拥抱、一个亲吻，都有可能成为庸俗人生的解药，都有可能拿来对抗命运无常、生活艰辛。

没有爱情，当然也能结婚。

但有爱情，结婚会更美、更好、更具有生命力。

你是谁，
你会嫁给谁

1

那年冬天，年轻的张朵朵特别想嫁人。

天气太冷了，小雨一直淅淅沥沥地下，寒气叠加着湿气，一点点往骨头里钻。但租住的小屋没有空调，也没有暖气。

刺骨的寒冷，最容易让人生出渴望拥抱取暖的想法。是谁说的，最好的暖炉，就是爱人的体温。

同公司的孟玲自告奋勇来做媒，下班后，便拉着张朵朵走人，马不停蹄地往相亲的地方赶。

约在一家中等规模的火锅店，男方是孟玲老公的朋友，中等个头，看上去老实敦厚。

四人互相介绍过，便坐下点菜，要了一个鸳鸯锅底、一份肥牛卷、一份五花肉、一份虾丸，还有三个素菜。

四个人,明显少了一点儿,但张朵朵对吃并不在意,也就无所谓菜品的种类与数量了。

可吃到中途,她却猛然瞥见男人从背包里掏出肉片香肠,飞快往锅里扔。沸腾着的鲜红汤底迅速裹住肉片,也隐匿起了男人的小小心机。

张朵朵却不舒服起来,四下看着服务员,有种做了错事的羞赧和不安。

孟玲嗤之以鼻:"带点儿菜来怎么了?这里的东西那么贵,朵朵你走大运了!这么会过日子的男人可不多见!"

边说边朝她挤眉弄眼,张朵朵瞬间没了胃口,低下头来,用筷子一粒粒挑着米饭看。

她想到了漫长余生里的无数次忐忑吃火锅,以及菜市场上的斤斤计较、没完没了的鸡毛蒜皮……

所以,她心生退意。

孟玲气急败坏:"就你这条件,能找到他已经不错啦!你还以为大富翁看得上你?做梦吧!"

还真被孟玲说中了。

后来遇见的相亲对象,大多是些贩夫走卒,直奔着结婚而来,处心积虑地把婚嫁成本降到最低。

也有条件稍好一点儿的，但普遍年纪偏大，没有一个不小心翼翼地护着钱袋子，唯恐半生积蓄被一场婚姻压榨干净。

自然是一个都看不上的。许多人劝她，切莫心比天高，结婚讲究门当户对。你家的门开在市井，面对的肯定也是凡夫俗子，差不多就得了。

她笑笑："那万一，我正好就是那个幸运的灰姑娘呢？"

"呸，有你这么不值钱的灰姑娘吗？"旁人嘲笑，直接而残忍地揭她的伤疤，"你一个地方专科院校毕业的，一米六都不到，家穷人也丑，王子又不是瞎了眼！"

张朵朵黯然，揽镜自照，越看越沮丧。因为那些嘲讽并不是泼冷水，而是赤裸裸的现实。

一个小城市里的私企出纳，最好的归宿似乎就是攀上一个车房俱备的本地人，让自己的余生结结实实地扎根进城市。

她把自己闷在小屋里一整天，到了太阳落山时，悟出一个残酷的道理来：没有王子会来救自己。

偶像剧都是骗人的。

一个月后，张朵朵出现在省城的人才市场。瘦弱的她捏着简历挤在熙熙攘攘的人群中，渺小得像秋风中的一片树叶。

可工作不好找，她只有中专学历，长得又瘦又小，耗了七天，才

被一家马上开盘人手紧缺的地产公司招了过去。

条件很苛刻,不供食宿、底薪低得可以忽略不计。也就是说,如果卖不出去房子,就等于白白打工。

张朵朵一咬牙接受了这份工作,她需要迅速找到一个支点来撑起人生。

售楼提成可观,过程却艰辛漫长。二十几天过去了,张朵朵业绩为零。她急了,又猛补销售技巧,对进门的每一位客人都笑脸相迎,极尽耐心。

那天来的是一对衣着朴素的老夫妻,同事们对这类客户不感兴趣,一个个视而不见。唯有张朵朵热情地迎了上去,满脸堆笑地给他们介绍。

老人家花钱仔细,前前后后来了十几趟。

张朵朵设身处地,把他们当作自己那一辈子没见过世面的父母,将焦躁和不屑都收敛起来,耐着性子一次次陪他们看工地、选户型,前后磨了整整一个月,两个老人才点了头。

出人意料的是,这对貌不惊人的老夫妻,却有一个事业成功的儿子。

签合同那天,衣冠楚楚的男人陪着父母前来,见了张朵朵便微微一笑:"我爸妈简直把你夸成一朵花儿了!"

张朵朵的脸红了,但来不及做"霸道总裁爱上我"的美梦。她郑重地捧出合同,在脑海里飞速计算自己的提成,却听见男人又说:

"我们买五套,是投资用的。"

同事们惊呼一片,张朵朵用力掐了自己一把,才确信这一切不是梦。

4

他确实也推了张朵朵一把,他把她介绍进了一家大公司去做出纳,拥有一个小小的工位,脖子上挂一个工号牌,倒也颇有几分小白领的模样了。

新公司是合资企业,同事们大多有着光鲜的学历,但有文化,从来都不代表有修养。

只是,站在这个平台上的张朵朵,慢慢从算计柴米油盐的局促中跳了出来。她渐渐弄懂了股票和基金的区别,品出了普洱和铁观音的不同,也开始学着用口红和粉饼……

最重要的是,她开始重新拾起书本,把专升本正式提上了日程。于是每天下班后,张朵朵开始读书学习,重新做回一个好学生。

用二十几岁的心态去重复十几岁时的功课,目标清晰、动力十足,竟然事半功倍。

同时,书本也打开了另一个天地,抽象的文化内涵,开始塑造出另一个具体的张朵朵。

改变是一点一滴的,自己觉察不出,要等到久别重逢所有人都大吃一惊,张朵朵才确定自己的孤注一掷走对了。

那年,她意识到王子不会从天而降时,满脑子想着的就是找到另外一条路,避免跌入为一份火锅殚精竭虑的明天。

反正还年轻,哪怕错了,也来得及重新开始。

一转眼,七八年过去了,张朵朵升了职加了薪,给自己买了一套小小的公寓。

就快30岁了,家人不知催了多少次,也有一两个聊得来的异性知己,可一颗恨嫁的心,反而随着年龄增长而偃旗息鼓。

她已经不怕天冷了。

小公寓里空调、电暖炉、热水袋应有尽有。下雪的冬日,她就煮一壶咖啡,在香气氤氲中静静地看书工作。

当自己也能给自己温暖、当结婚不再是一个目的,寂寞反而成了一种清福。

但桃花运,终究还是来了。

那时,张朵朵已经过了30岁生日,通过健身私教认识了王教授。

两人都爱打羽毛球,约着打上四五回,地点就从体育馆拓展到了电影院、咖啡厅、私房菜馆……

成熟男女谈恋爱,试探被密密麻麻藏进每一个细节,由浪漫和美丽包裹着,就像拆一件包装严实而华丽的礼物。

好在拆开最后一层,他们对上的,是彼此惊喜的眼神。

王教授也三十好几了,出身小康之家,在高校教书,也和朋友合开了几个公司做工程。算不上真正意义上的有钱人,但也不差。放在10年前的张朵朵眼里,已是不折不扣的成功人士。

订婚那天,张朵朵执意选了一家火锅店。

红艳艳的汤底翻滚着、沸腾着,她微微一笑,心底全是幸福。

我要的不是钱，
而是重视的感觉

1

阿瑶的爱情，看似死于一支29块钱的口红，实则是男友的忽视让她心如死灰。

和前男友在一起两年，其间阿瑶负担起了房租水电，也不时买些蔬菜水果带回家，把小日子安排得井井有条。

前男友小时候生活条件不太好，被贫穷的童年折磨得太过小心翼翼。哪怕如今年薪20万，也总把钱袋捂得死死的。

比如说情人节，阿瑶暗示他该送一朵玫瑰，他却嘟囔着干吗要浪费钱；

两人一起逛街吃饭，永远都是女方主动去刷卡付钱；

外出旅游的话，订票订酒店基本都是阿瑶的事儿，她调侃几句，他便气急败坏，说自己根本不愿意出门……

还能怎么办呢？当然是原谅他。

阿瑶读过弗洛伊德的书，对这种"童年挨过饿，一生吃不饱"的心理满怀悲悯，总想掏出自己的一颗心来，拯救男友于水火之中。

可她还是在这支29块钱的口红面前崩溃了。

出门上班，在小区门口的小超市顺手买酸奶，却无意中看到一支似曾相识的口红。她定睛一看，竟清晰地看到价格标签，猛地蒙在原地。

她难过的不是口红的绝对价格，而是自己在男友心中的相对价值。

后来，阿瑶又交了个男朋友。

现任各方面都不及前任，但相处一年后，阿瑶毅然决然地拿出自己的积蓄，准备和他一起领证买房。

我们问起原因，她笑笑说："我感觉得到了他的在乎和重视。"

阿瑶虽然喜欢购物，却也不是真的大手大脚，她轻易不肯去逛大商场，只愿捧着手机在网上扒拉，淘一些特价处理的衣裳鞋袜。

男友知道后，便每个月从工资中挤出一千元作为专项"购物基金"，直接发到阿瑶的微信，任由她处理，买什么都无所谓。

开始阿瑶不要，推托不了便一笔笔存下来，自己仍旧挑着低价的东西买。男友见说服不了她，干脆直接拉她去商场，逼着她试衣服选

色号,拎回满满几大袋子"战利品"。

阿瑶嗔怪男友铺张浪费,他却正色说道:"你是我的女朋友,我希望你用好的吃好的,因为你值得。"

她低下头不接话,心里却乐开一朵花。两人手挽着手走在马路上,四周空气仿佛都甜腻了起来。

虽说金钱买不来爱情,但那些金钱换来的身外之物里,藏着一个男人的爱护与珍惜。

爱情和幸福都是抽象的,需要一些具体而真实的东西,让人去踏踏实实地触摸感受。

这与"拜金"有很大区别,我们在意的其实不是对方肯为我们花多少钱,而是这背后花了多少心思。

我们身边很多女孩子在恋爱中是羞于谈金钱的,即使是男友送了礼物或请自己吃了饭,一定要还礼或回请。

谈恋爱最无法绕开的,其实就是理想与现实的关系。大家都是普通人,吃喝拉撒衣食住行样样都需要物质支撑。

金钱的确买不到爱情,但花钱换来的安全感与幸福感,却能实实在在地催化爱情。

三年前,我去贵州参加闺蜜的婚礼,因为囊中羞涩,不得不买了硬座票,颠簸十几个小时才到达。

当时，高先生还是我的男朋友，他心疼我的奔波之苦，便主动提出要给我买张飞机票。我不想也不敢让他破费，便斩钉截铁地拒绝了。

想不到的是，我到了贵阳，刚刚确定好回程时间，他就利索地给我订了返程机票，又发来信息说："不要拒绝我，以后也试着依靠我吧！"

我一向好强，却被这句话逼出眼泪来，但内心是温暖的。

因为我忽然意识到，漫长而艰辛的人生路上有了伴儿，从此我们可以有福一起享、有苦一起担。他肯为我花心思，那至少能证明，我在他心里有分量有位置。

钱的本质是资源，往往就是付出的最简单表现。

他把最珍贵的东西分给你一部分，便足以说明他对你的重视与珍惜。

一个不舍得为你花心思的人，又怎能指望他为你付出时间和精力，乃至余生？

"面包我自己挣，你给我爱就好。"

从前我也笃信这句话，坚定地把情和钱分开，似乎一掺杂进利益考量，情感就会不知不觉地变质，进而沦为可耻的交易。

直到某个深夜，朋友圈有位大姐发了一条秒删的朋友圈。大意是说在店里忙到现在，自己亲手挣来一切，反而有点儿羡慕能完全依赖丈夫，不用辛苦讨生活的女人。

她的丈夫我也听说过，吊儿郎当不靠谱，靠着父母留下的祖产收租度日。

夫妻俩屡屡为经济发生矛盾，大姐不得不借钱支起一个小吃摊，辛辛苦苦做了三年，才盘下一个小小的店面，结束了风吹雨淋的苦日子。

倒有点儿类似作家苏青的话："我看着这屋里的东西，连一根针都是我自己买的，可这又有什么意思呢？"

自立自强固然不是坏事，但若有得选，谁不愿意被收藏，被妥置安放？

难怪张爱玲要说，花男人的钱，是女人最大的幸福！能够爱一个人爱到问他拿零用钱的程度，那是严格的试验。

她自己靠着写作丰衣足食，却非要做出小女人的姿态，纠缠着胡兰成要零花钱。但花他的钱，却不是真的冲着他的钱去的。

后来才明白，这和"我养你"，其实是有本质区别的，后者的目标是生存筹码，前者的指向却是爱。

张爱玲要的不是钱，而是受宠的感觉。

虽然能为你花钱的男人不一定真爱你，但舍不得为爱花心思的男人，一定不爱你。

就像《亲密关系的购买》中所说的那样:

"金钱和情感是一种相互促进的关系。没有经济行为,亲密关系不会长久。而没有亲密关系,很多经济行为也没有意义。

最完美的爱情，
是爱上不完美的你

1

方姑娘不到25岁，却经历过好几段恋情。

每段爱情都不长久，她总能在相处一两个月后猛地发现对方的"致命缺陷"，然后落荒而逃，边跑边庆幸自己发现得早。

比如第一个，长得风度翩翩的，私下却是个邋遢大王。方姑娘去过他的住处一次之后，果断放弃了这只旁人眼中的"绩优股"。

还有一个，温柔体贴、能力出众，父母都是高级知识分子，唯一的缺点是矮。一米六五的个头，最终打败了那些缓慢生长的好感。

好不容易遇上个品貌上乘的，可交往下来，又发现对方家庭负担不小。方姑娘自动脑补着电视剧情节，毫不犹豫地提了分手。

后来又断断续续处了几个，有的觉抖腿、有的爱抽烟、有的衣品差、有的吃相丑，总之，没一个是让方姑娘满意的。

她也不时抱怨:"不就找个男人吗?为什么那么难?"

朋友们翻白眼:"因为你太挑了!"

"这是嫁人欸!"方姑娘不高兴了,"我买一个苹果都得认真挑挑选选,更何况是婚姻大事?"

我感觉,方姑娘可能是错误地把"吹毛求疵"与"不将就"画上了等号。后者代表的是对品质的追寻,前者却意味着对完美的执念。

那么,完美情人是否真的存在呢?

2

来看一个名叫钱钟书的男人。

他出身世家、学贯中西、才气纵横、风趣幽默、一表人才,受万千读者追捧。但这位别人眼中的旷世才子,并非传统意义上的好丈夫。

妻子杨绛生孩子时,钱钟书慌张跑来医院,说自己在家干了坏事。原来他打翻了墨水瓶,把房东的桌布弄脏了。

换作是我,绝对瞬间参毛。需要一个产妇去操心处理这些琐事的男人,放到今天就是"巨婴"的代名词。这件事若发到人气论坛上,肯定分分钟招来女人们的同仇敌忾。

想不到的是,杨绛说:"不要紧,我会洗。"钱钟书说:"墨水呀。"杨绛又安抚他:"墨水也能洗。"

后来,钱钟书又把台灯砸了,杨绛却只说:"不要紧,我会修。"

他的才气纵横有目共睹,渊博学识背后的生活低能,却只有身为

妻子的杨绛去领略。难得的是杨绛不吵不怨,甚至能为丈夫的写作而"甘为灶下婢",获称"最贤的妻、最才的女"。此后的许多年,两人伉俪情深,活成了一部活生生的爱情宝典。

我读《我们仨》时,只觉得那是一本实用而睿智的婚姻教科书。

晚年时,杨绛曾说:"我最大的功劳,就是保住了钱钟书的天真、淘气和痴气。"

让人想到贾宝玉和林黛玉。他将她引为知己,是因为"林妹妹从不说这些混账话"。

他对仕途经济的不上心不在乎,在封建社会里是致命缺陷。身边人都苦心劝说,"唯独林黛玉看到了他的清净内心,允许甚至鼓励他去做一个无用之人。"

难怪有人会说,遇到爱,不稀罕,稀罕的是遇到了理解。

最初爱上一个人时,对方浑身上下都闪着光。一举一动、一颦一笑皆夺人魂魄,多巴胺分泌催生出了一种惊天动地的愉悦感,强烈到让人神魂颠倒,不知今夕是何年。

我见过不少处心积虑去改造丈夫的女人,嫌他赚钱少、怪他不够温柔,也怨他不分担家务。

我也认识对妻子诸多挑剔的男人,看不惯妻子的虚荣、小心眼、急脾气,或委婉或直接地,要求她修炼成完美的贤妻良母。

其实,夫妻关系里的大部分问题,都源自期望与现实之间的落差。而落差的另外一个名字,就叫不完美。我们心中有一尊完美的爱情神像,却常常忘了婚姻是跌入烟火凡尘的艰难修行。

每个人都是被上帝咬过一口的苹果,各自的缺点都会在日复一日的相处中,赤裸裸地暴露给对方。

你幻想中的那个十全十美的绝世好伴侣,根本就不存在。

完美的婚姻背后,是两个不完美之人的相互包容与接纳。

对待恋人的缺点,人们一般有三种做法:

第一种是拂袖而去,彻彻底底地离开对方,把她的缺点连同美好一并抛下。

第二种是勉强接受,费尽心思地加工改造,弄得双方都身心俱疲,以至于爱侣变怨偶。

第三种是透过她的出身背景和成长经历,窥见了狰狞面目背后的那点儿伤与愁。有了清醒的认识后,便能理性辩证地对待,既不听之任之,也不过分强求。

《欢乐颂》中的赵医生,就是第三种做法的典型代表。

相识之初,曲筱绡听不懂《麦克白夫人》的梗,恼羞成怒后口不择言,这让赵启平第一次意识到,他们不是同一个世界的人。

随后两个人分分合合,矛盾根源于曲筱绡的没文化、耍心机、小

聪明，是家庭背景与学识经历造成的天渊之别。

她自作聪明地偷听母子俩谈话，他怒气冲天；

他陪着她参加饭局，对她的阿谀奉承反感至极；

她自作主张大肆改装他的车，他陷入深深的绝望。

曲筱绡身上的仗义与精明，其实就是另一种形式的粗鄙和算计。对出身书香门第的赵启平来说，这些都是缺点，与他的生活格格不入。

可大好青年赵医生，偏偏对这个野蛮生长的小妮子动了情。就像聊斋故事里的穷书生，明明看到了她的张牙舞爪，明明知道了她的肆意妄为。

而这种不抛弃不放弃的姿态，正是一段男女之情里，最难得的清醒与深情。

因为人人生而不完美。最完美的爱，不是遇到最完美的人，而是允许对方的缺陷和瑕疵，以不完美的状态，嵌入彼此的生命里。

人人都爱赵医生，不仅爱那张蛊惑众生的脸，更爱那个美好皮囊之下懂爱的灵魂。

和闺蜜聊天时，谈论过什么是最好的爱情。

她说："大概是我能从容地在他面前卸妆、说粗话，就算露出多丑的一面都不怕他离开，他看透了我，但依然爱我。"

世界那么大，人生那么苦。我们戴着面具行走江湖，将内心那点儿小邪恶都极力隐藏着，无懈可击的妆容和滴水不漏的言谈里，只藏

着一个个住在套子里的人。

回到家踢掉高跟鞋,拽下西装领带,我想跟你八卦明星、吐槽同事,露出几分市井的粗糙气和泼辣相,甚至会把心里的小魔鬼也拉出来遛遛……

这个不完美但无比真实的我,只能给你看。因为爱情是最私密的分享和分担,而我确信,你爱上的我,是优点和缺陷混合而成的复杂多变的我。

爱到深处,是热烈的心动,也是温柔的慈悲。一段健康、成熟且理智的感情里,必然会有缺点、不足甚至不堪的容身之地。

世界上只有一种英雄主义,就是看清生活的真相之后,依然热爱生活。

爱情里也只有一种完美主义,那就是看透了彼此之后,依旧深爱对方。

爱自己，
世界才会更爱你

这个繁忙喧嚣的现代社会，最不缺的就是乱花迷人眼。我们身处繁复，简单和专注反而成了奢侈品。所有的得到，都以失去为代价。但所有的失去，都会以另一种方式回归。

谈钱伤感情？
不谈更伤

1

那兄弟两家人，曾经关系很好。

某年的十一黄金周，两家相约自驾游，去的是一千多公里以外的海滩，历时五天四夜。

第一天在路上，吃饭、喝水、加油、过路费都由大嫂掏钱。本着"一家人不说两家话"的原则，她没有提账目之事，心里却隐约憋了一股气。

天擦黑才到达目的地，住的是岛上的海景房。老板是弟媳妇同学的妹夫，七弯八绕地攀上交情，房费便宜了一些，出发前就由弟弟一家先行垫付。

大嫂粗略计算了一下房费，感觉自家吃了亏，但也没说什么，拉着老公孩子进了屋。

另一头,弟媳妇却对老公嘀咕开了:"你看你大嫂那脸色,我辛辛苦苦才订的房,她是不满意还是怎么的?还甩脸色给我看?"

弟弟抱着息事宁人的态度劝解,妻子的不满却直线升级:"现在可是国庆,房费不便宜啊。她也不主动把钱给我?"

"都是一家人,计较这么多干吗?好了,出去吃饭吧!"

到达餐厅,大哥一家已经端坐桌前,妯娌俩简单地打了声招呼,彼此都在心里噼里啪啦地扒拉着小算盘。

结账时,两人都岿然不动。大哥看不惯,不得不起身付款。回了房,妻子好一顿唠叨,把弟媳的抠门吐槽了个体无完肤。

接下来几天,两家人各玩各的,回程路上也一前一后,刻意拉出些距离。

从那以后,兄弟照样做,隔阂却日渐增长,慢慢把浓烈的手足之情熬成了不咸不淡的白开水。

有人劝他们把一切说开,兄弟俩却都连连摆手:"不行不行,谈钱伤感情,说了只怕会把亲人弄丢。"

但事情就如鱼骨鲠在喉咙,始终让兄弟两家不似从和睦。

中国人羞于谈钱,尤其是在关系相近的亲朋好友之间。似乎你一提钱,就坐实了斤斤计较的事头,成为唯利是图的呈堂证供。

一个名叫柚子的读者,曾对我诉说她和室友的相处困境。

原来室友小草莓酷爱睡懒觉，经常麻烦晨跑的柚子帮忙带早点。柚子助人为乐，就把这个顺手的工作孜孜不倦地坚持了下去。

开始时，小草莓总是一边说谢谢，一边愉快地付钱给她。她也不多做推辞，欣然收下。

可是渐渐地，小草莓随性起来，每天一大早端过早餐就吃。谢谢不再说，连钱都不再给。柚子安慰自己，她可能是忘了，总有想起来的时候。可转眼大半个月过去了，小草莓心安理得地享受着室友的服务，对金钱绝口不提。可怜了柚子，一顿早餐虽不值多少钱，但架不住天长日久的积累啊。

柚子也不过是普通人家的孩子，为日复一日的支出犯了难。不得已之下，她向小草莓讨要，想不到对方一脸惊讶："天啊，就十几块钱你怕我会赖账？"边说边翻出零钱来，没好气地递给她。柚子觉得委屈，却又无言以对。

这是我们在人际交往中经常遇到的状况。事不大钱不多，可不说出口，它就会成为横在心里的一根刺。

金钱并不能衡量我们的友谊，但生活中不受金钱影响的道义之交多得是。我们可以对朋友施以钱财的帮助，前提是对方也把你当作真正的朋友。

"谈钱多俗啊，我们之间的爱情是纯粹而真挚的，我不希望它受

到玷污。"

此话出自闺蜜的前男友之口,当时他正为她的23岁生日庆祝,深情款款地唱了一首歌作为礼物。他表示物质都沾染着红尘的气息,唯有高歌一曲才能表达深沉的爱意。

旁人嗤之以鼻,闺蜜却固执地把它当作爱情。

不久,两人同居了,开始接受柴米油盐的洗礼。男人依旧浪漫,下班路上不时带回一枝花、一张贺卡,但水电费、物业费、买米买油这类琐事,几乎全部落到了闺蜜头上。

开始倒不觉得有什么,但日子一长,闺蜜也上了心,暗自记下每一笔开销,这才心惊肉跳地发现自己把恋爱谈成了"供养"。

那天夜里,她假装若无其事,随意提起新开的楼盘:"我打算买一套结婚用,我们一块凑凑首付吧。"

男友皱眉,熟悉的台词脱口而出:"这些物质的东西太俗了,我只想和你享受爱情的甜蜜。"

"但不想背负生活的压力,是吗?"闺蜜的声音冷冷的,她猛然想起从前听过的至理名言:"一个不愿付出的对象,不过是在抗拒和你相关的人生。"

毕竟我们都只是最普通的男女,共度余生的最基本诚意,无非是坐下来,认真把爱情具象到房子、车子和孩子。而这些,都与金钱息息相关。

倒也不是借着爱情来谋夺财富,而是通过物质关联来共建未来。

❹

高先生有位客户，是个做陶瓷砖的大姐。

她上门来订宣传册，最先讨论的不是要求和规格，而是一五一十地说清定金、设计一稿、改稿、定稿等细节的费用……

不占设计师一分便宜，但也对自身权益一丝不苟。

见多了想方设法拖延付款甚至赖账的甲方，高先生感慨颇多。其实开门见山直抒胸臆，可以省去许多麻烦纠葛，反而能让人心旷神怡地做事，把所有精力都集中到工作上来。

但钱，终究也是种极其敏感的资源载体，所以在和亲友谈钱时，请务必塑造正确的金钱观与价值观，珍惜物质，但不被物质捆绑。

为什么要好好吃饭？
这是我听过的最好的答案

◆ ◆ ◆

1

春天的时候，有个朋友过世。

他还很年轻，结婚不到两年，儿子刚刚学走路，正是上有老下有小的慌乱年纪，整天都东奔西走忙着赚钱。

那种名叫重症急性胰腺炎的病来势汹汹，不到20天，一个活生生的人，就毫无征兆地从这个世界上消失。

听说他入院不久便昏迷不醒，在ICU（重症监护室）里插满管子，挣扎着走完了人生的最后18天。

受到惊吓的我，接到消息就立刻打开网页，在搜索栏中输入疾病名称。然后得知，胰腺炎是一种死亡率极高的病症，而诱发它的原因，通常是暴饮暴食。

我回忆着与这位朋友的短暂相处，这才发现在吃饭这个问题上，

他的确是过于敷衍马虎了。

朋友开了一家广告公司,平日里业务繁忙,琐事缠身。通常是睁开眼睛就开始忙工作,再饿着肚子赶去谈生意定物料。

我们劝他先吃块饼干垫补一下,他总是连连摆手,说自己对零食不感兴趣。那就吃点儿米线、包子?他还是摇头:"我不爱吃这些。"

要熬到晚饭时分,他才会坐到饭桌前,一口气吃下三大碗米饭。

注意,是三大碗。

第一次和他一起吃饭时,我被他的饭量惊呆了。他却哈哈笑着,表示自己肠胃健壮,容纳得下世间美味。可恨我们都缺乏医学常识,没及时将这种行为定义为暴饮暴食,更看不透潜伏在碗筷间的病魔阴影。

不好好吃饭是会死人的,这次你信了吧?

所以那些做了父母的人,都会认认真真地学习烹饪技术,从"十指不沾阳春水"变为"洗手做羹汤"。

因为嗷嗷待哺的小生命,急需把抽象的淀粉、蛋白质与维生素从具体的食物中提炼出来,以此来完成他们的茁壮成长。

也就是说,吃,是为了活着。吃得讲究而认真,是为了更好地活着。

碗里装着一个大世界,它构建起我们的骨骼肌肉,支撑着生活与生命。所以好好吃饭,是保障健康的最基础的一步。

夜读古诗,忽然翻出一个温柔无比的句子:"上言加餐饭,下言

长相忆。"

是乐府诗中的一首,以一个妇人的口吻叮嘱出门在外的丈夫:"亲爱的你要保重身体,好好吃饭。还有,我挺想你的……"

会意一笑,不禁想起结婚后,我和高先生的一次次小别离。

他出门做事,为期五天,临走前给我做了一大碗红烧肉,然后用小袋子一份份封好,放进冰箱冷冻。

然后交代说:"每天焖半碗米量的饭,把肉拿出来解冻加热,再煮一碗青菜汤,全部吃完就能保证身体的营养需求啦!"

我捣蒜般点头,到了饭点,就按照他的吩咐给自己准备伙食,然后用微信发一张照片给他,以此来表示:"我在好好吃饭,我会照顾好自己!"

肉汁浸入米饭,鲜香可口,我大口吃着,顺手在朋友圈发图秀恩爱。有位久不联系的同学,忽然发来消息说:"我们也是这样的呢!"

细聊下来,这才得知她的男友出国务工。两人每天都微信传情,雷打不动地报告一日三餐,分享各式各样的酸甜苦辣。

她说:"看到他吃得好,我这颗心也多少能放下来一点儿。"

异地他乡万里之遥,抽象的思念需要具体的一粥一饭来化解。因为吃饭是人生第一大事,透过盘中的菜式花样,其实就可以粗略测出你最在乎的那个人过得好不好、开不开心、自不自在。

难怪上学那些年,妈妈每次打来电话,都会不厌其烦地问:"食

堂的饭菜习惯吗？想吃什么自己买，钱不够要说。"

中国人内敛含蓄，思念和爱都无法坦然说出口，只能化作对衣食住行的问候与担忧，千山万水地通过电波传过来。

而你好好吃饭，认真生活，就是对那份深情的最动人回应。

我对烹饪的爱好始于2013年。那时我是赋闲在家的病人，生活里只剩下读书、写作和透析。

闲来无事，我便打开收藏夹里放着的各式各样的美食网站，挑一个色香味俱全的菜品，然后揣着钱包直奔菜市场，在各式各样的食材中流连。

季羡林老先生说："逛菜市场，真是一大乐事。"

我也是那些年才发现乐趣所在的。

过去总有些排斥，心比天高时，总要故作姿态拒绝人间烟火，对喧嚣嘈杂的市场嗤之以鼻。可生病那些年，却最爱扎进这样的世俗百态里，甚至喜欢系上围裙摆弄锅碗瓢盆，在热气腾腾的厨房里随意鼓捣。

我做过芒果西米捞、试过水晶猪皮冻、腌过韩剧里的辣白菜，甚至用电饭煲烤过蛋糕。当然，它们都品相一般，味道也马马虎虎。但当我坐下来认真享用时，却总能从中吃出烟火人间的美好来，只觉得活着真好。

人间不值得这样吗?

也许好好吃一顿饭,就能把你的想法彻底改变。从食物中感受人生美好,其实就是提高生活品质的最简单方法。

据说康有为的女儿康同璧,在生活陷入低谷时,常用涂了豆腐乳的烤馒头片来做早餐。

在她家用餐的人,只觉得滋味美妙,虽"坐销岁月于幽忧困菀之下"而生趣未失。细问才知,康家这顿食材简单的早餐大有学问。

定期购买的豆腐乳形形色色,被分门别类地装在6个巧克力盒子里。什么"王致和"豆腐乳、广东腐乳、绍兴腐乳、玫瑰腐乳、虾子腐乳……

每天换一种口味,单调乏味的日子,似乎就有了仪式感与期待感,苦难因此而被稀释,令人生出蓬勃的希望来。

所谓的生活审美与情趣,在琴棋书画,在一花一木,也在一粥一饭。

有句话说:"哭着吃过饭的人,是一定能走下去的。"

你看地铁里边哭边啃面包的年轻人,看似满腹心酸却又励志动人。因为他始终不曾放逐自己,即使伤心欲绝,也懂得填饱肚子,为接下来的奋斗积蓄能量。

和宋代才子苏东坡很相似。

苏轼的一生，遭遇三次贬谪，黄州、惠州、儋州，都是当时的不毛之地，处江湖之远，连同肉身被放逐的，大概还有那一腔抱负和激情。

可他的诗词作品里，甚少出现四顾茫然的忧郁悲观，反而是那种旷达乐观和随遇而安，在书卷上鲜活至今，成为许多"天涯沦落人"的安慰。

这应该与他的爱吃、会吃且善于制作美食有很大关系。

黄州僻远，生活艰苦，苏轼却捣鼓出了一道"东坡肉"，味香而色美，与诗作一起传为美谈。

晚年谪居儋州，又发明一道"东坡羹"，被后世奉为经典。

苏子的美食之旅，该是一场伟大的人生修行啊，煎炒炸煮即千锤百炼，酸甜苦辣就是百味人生，所以写出了"人间有味是清欢"，也明了"人有悲欢离合，月有阴晴圆缺"。

一路走、一路吃，不惧山高水远，也不怕人心险恶。反正还有一双手一颗心，还有大江南北的各式美味，世间处处皆风景，人生处处逢知音。

食物赋予我们的，从来都不只是填饱肚子的能量，还有山长水阔的明天、连绵不绝的希望。

好好吃饭，天天向上。

学不会"断舍离"的人，很难过好这一生

1

我曾是个严重的恋物癖患者，具体表现是买买买和囤囤囤。甚至连买蛋糕带来的一个塑料袋，都觉得它会派上大用场，必须叠整齐塞进抽屉待用。

天长日久，抽屉里放满各式各样的包装袋，遗憾的是除了占空间，它们从未发挥出我想象中的大作用。

我也是个剁手党，闲来无事便不自觉地打开各个购物APP，逢打折特价，就忙不迭下单。洗涤剂、洗衣粉、卫生纸、菜籽油，基本上见啥买啥，把吃穿用度都囊括进去。

然后，家里越来越挤，越来越杂乱，玄关处甚至堆着各式各样的快递纸箱。我拣备用纸箱来做收纳。

我还收集了什么怪东西呢？穿旧的衣服、用坏的手机、初中的课

愿所有姑娘，都能

本、高中的练习册……

终于有一天，我在四处翻找衣服时对自己忍无可忍，决定给家里来一番彻彻底底的大扫除。为了治疗自己的病症，我甚至在开动之前特意想出一套"断舍离"计划：

断=不买、不收取不需要的东西。

舍=处理掉堆放在家里没用的东西。

离=舍弃对物质的迷恋，让自己处于宽敞舒适、自由自在的空间。

用了两天时间，我清理出了将近10袋垃圾。屋子亮堂宽敞时，心情似乎也焕然一新，我好像明白了那句话："要提高生活品质，就要学会定期扔东西。"

有句流传甚广的女性物语是这么说的：

"女人在生活中最该扔掉的三样东西，过时了的衣服、玩心眼的姐妹、不爱你的男人。"

其实也暗合了"断舍离"的本质含义，放下一个不可能在一起的人，才是对自己最大的成全。

朋友在年少时痴恋一个男孩，曾在大学时，跨越千山万水去看他。她用了大半个学期勤工俭学，好不容易攒够旅费，兴冲冲地买了车票。

见面那一刻，男孩脸上现出的不是惊喜，而是惊吓："你怎么神

不知鬼不觉地就来了？"

他皱着眉头转身，她期期艾艾地跟上去，一路小跑着，试图找几句话来说，男孩却只是"嗯哦啊"地应着。

第二天，男生买了一张卧铺票找到她住的小宾馆："看也看过了，我送你回去吧。这儿真没什么意思。"

她愕然，恳求他带自己逛逛他的校园，他却一脸不耐烦，催促她收拾行李准备出发。

她流着泪暗暗问自己："我做错了什么？"

亦舒说了："当一个人不爱你的时候，你说话是错，不说话是错，连呼吸都是错。"

可她不信邪，坚信女追男隔层纱，依旧坚持着打电话发短信，每日嘘寒问暖关怀备至。直到半年后，男生的号码变成了空号……

世上最不值得坚持的东西里，头一件就是那个不爱你的人。因为最勉强不得的是感情，最神秘莫测的是人心。

2003年7月，一个令人震惊的消息传遍了毕淑敏的朋友圈，她打算放弃心理学博士学位！

要知道，她已经学习了5年，将近2000多个日日夜夜的寒窗苦读，只等着一篇毕业论文来顺利收尾，给学业画上一个圆满的句号。

朋友们以为她有什么难言之隐，纷纷跑去询问原因。不料毕淑敏

爽快地告诉大家:"因为我不能去考外语,也不能写论文。"

那时,毕淑敏已经过了50岁生日。外语基础薄弱的她,至少需要花半年时间,才能勉强把考试应付过去。

她不打算花这个时间:"生命对我这个年过50的人来说是那么宝贵,不值得拿出半年时间专门去念外语。"

至于论文呢,恐怕会跟她的小说创作冲突。毕竟那是几十万字的长篇大论,一字字写下来,耗费的不仅仅是时间精力,还是思维模式与写作风格的大幅度跨越、转换。

她担心:"一个几十万字的博士学位论文写下来,我可能就不会写小说了。"

权衡比较之后,毕淑敏放弃了博士学位,在北京西四环外开设了一家心理咨询中心。拿她的话来说,这是"助人和自助的工作",挺好。

我们都是凡夫俗子,时间有限,精力也有限。你无法兼顾所有,唯有根据自身具体情况做出取舍,放弃一部分、深耕一部分。

哪儿有什么十全十美?什么都想要的人,往往什么也得不到。

经济学中有个名词,叫作机会成本。

意思是你面临两种选择,它们都可以为你带来效用,当你放弃A,那么A所带来的价值权益,就是B的机会成本。

有个朋友的朋友,毕业就被父母逼着考了公务员。他志不在此,

却在就业压力下低了头，辛辛苦苦地考了两年，最后才进了乡镇的机关单位，做了一个普通科员。

干了四年，工资不高不低，活儿也不轻不重。正当他在温水中不知不觉地沉沦时，却无意中接触到了紫陶，从此一发而不可收，犹如发现新大陆。

这种手工艺品费时费力，成品精美雅致，也卖得上价。他爱得不行，想方设法抽出空来拜师学艺。三年后，价格和销量为他的成功提供了最直接的证明。

辞职的想法开始冒出头来，但也左右摇摆。编制和紫陶事业就如同鱼和熊掌，二者皆我所欲，却不得不舍弃其中一个。

最后，他把体制内的一切福利待遇，当作了追寻梦想的机会成本。这一舍一得间，放弃了安稳舒适，却成就了一个陶艺大师。

学不会放弃的人，通常纠结困惑，在两个选项间左右摇摆，最后鸡飞蛋打，一事无成。

"舍"其实就是另一种形式的"得"。

毕竟机会成本中是需要有两者互为依托的，只看在你心中，哪一个更重。

日本著名作家村上春树不善社交，喜欢一个人自得其乐。

他的生活简单得不可思议：

四五点钟就起床,煮一壶咖啡,坐在电脑前开始写作,一写就是四五个小时。

到了下午,便外出跑步或游泳,然后读读书,听听古典乐和爵士乐。

晚上9点钟,上床睡觉。日复一日,年复一年,把生活过成了单调而重复的"清修"。

可他认为:"我能感受到非常安静的幸福感。吸入空气,吐出空气,呼吸声中听不出凌乱。"

他很少大张旗鼓地出现在媒体的聚光灯下,平日里深居简出,把不必要的社交活动都减去,只留下对自己至关重要的那部分。比如写作、跑步、音乐、旅行……

倒让人想起一句话:"每块木头都可以成佛,只要去掉多余的部分。"

这个繁忙喧嚣的现代社会,最不缺的就是乱花迷人眼。我们身处繁复,简单和专注反而成了奢侈品。一双眼睛随波逐流,忘了初心、改了本性。

不如去掉不太重要的那部分,为你真正在意的人和事留出时间和空间,人生是一个不断得到又不断失去的过程,二者的平衡,便意味着选择和取舍。

所有的得到,都以失去为代价。但所有的失去,都会以另一种方式回归。

你无法放弃,无非是不知道自己究竟要什么。

试问这样的人,又该如何过好这一生?

那些比你穷的人，
为什么过得比你好

1

有个城里姑娘，找了个来自偏远山区的男朋友。贫富差距她一点儿都不在乎，只想着携手前进，两人共同创造未来。

可跟着男友回了一趟老家后，姑娘的信念动摇了。她来找我倾诉，把三天三夜的见闻讲给我听。

"婉兮姐，真的不是因为他家穷，是因为他父母，真的太不讲究了。"

那个位于大山脚下的村庄风景秀丽，进村时她还兴高采烈，可一踏进男方家门，笑容就凝固了三分之一。因为堂屋的小桌上赫然放着一条脏兮兮的毛巾，见女孩进门，男友的妈妈急忙拉过凳子随手擦了擦，就大声招呼她坐下。

她露出一个尴尬而不失礼貌的微笑，休息了几分钟，便自觉自愿

地拐进厨房,打算帮忙干点儿什么。未来婆婆当然是手忙脚乱地推她出门看电视,只是她在转身的一瞬间,看到了沾满尘垢的油瓶、盐罐。

一小时后,菜上来了。

肉和鱼都装在不锈钢餐盘中,青菜炒得漆黑一团,筷子则随意散放在餐桌上。她尴尬地笑了笑,假装毫不在意地扒了几口饭。

第二天闲来无事,她提议和未来婆婆一起搞卫生,该洗的洗,该扔的扔。婆婆脸色不太好看,答复不屑而不忿:"我们家没钱,就别穷讲究了!"

她一愣,逃跑的心思蠢蠢欲动。

大部分人,都会有这样一种错觉,将贫瘠的物质条件等同于邋遢将就,下意识地认为没钱的时候,生活品质就无从谈起。似乎世间的一切美好,都必须由金钱来堆砌。

大家会觉得,穷人家的日子本就是落满尘埃的,哪儿有条件和闲工夫去讲究那么多呢?

但我见过例外。小学时,我到一个要好的同学家去做客,对她妈妈端出来的一盘凉拌黄瓜印象深刻。

黄瓜切了条,整齐码放在一个素白的盘子里,上面浇了蒜泥和红椒,红红白白地衬着翠绿,煞是好看。那盘黄瓜放在一张简单的八仙

桌上，桌上还有个玻璃瓶，瓶里插着一束山上采来的野山茶。

那盘凉拌黄瓜刷新了我们对美食的认识，许多年后再回味，才猛然明白，所谓的生活品质，不是顿顿大鱼大肉，而是粗茶淡饭里，也吃得出快乐和满足。

或许只是在做一道家常菜时，选了雅致的餐具，摆放整齐，搭配得宜。

我开始对这种能够"穷讲究"的人心怀敬意。

后来认识一个朋友，独自漂在城市，租住在城中村，容身之所只是个不到10平方米的小单间，墙壁已斑驳、地板有裂缝、卫生间的水池积满水垢。

自然是不太满意的，可囊中羞涩，不得不向生活低头。她便住了下来，在征得房东同意之后，开始了自己的改造计划。

先来了个里里外外的大扫除，贴了墙纸，又网购来简易贴地面的物料，把裂缝遮住。再然后，买来绿植和自己喜欢的各种书籍物件，用温馨的居住环境来终结颠沛流离的哀伤。

两个月后，简单的厨具碗筷也"入住"了。清晨煎个荷包蛋，加班的夜里煮碗面，兴起了还得放好餐垫，摆盘享用。

有人笑她穷折腾，她却回答："穷不是放弃生活品质的理由。"

深以为然，其实一个人过得不好，有时是因为没钱，大多数时候，却是因为不用心。

只是很多人都误以为，过得不好，完全是因为穷。

但假如给你100万呢,你能不能把苟且过成诗?

3

一位远房亲戚家,还真摊上了一夜暴富的好事儿。

城市扩建,占了房和地。作为补偿,他们得到了一笔钱、三套房。这家人原本靠着土地辛苦刨食,日子过得敷衍而马虎。

和大部分人一样,他们认为有了钱,质感和美感都会自然而然地到来。

拆迁几乎拯救了他们的余生,生活压力骤然消失。一家人便琢磨着,想要点儿文化品位,提升一下生活品质。于是便跟风置办了全套功夫茶具,又入手红木家具,把家里布置得富丽堂皇。

事实上,家里没人爱喝茶,对茶道一窍不通。那些精致的陶壶杯盏和昂贵的茶叶,不过是个摆设罢了。

茶具渐渐生了尘,红木沙发上凌乱地扔满了脏衣服。不久,家里支起了麻将桌,街坊四邻有事没事便聚在一起搓上几把,烟雾缭绕里夹杂着高声喧哗与幼儿啼哭,反倒让人生出怨气和沮丧。

钱有了,可日子还是一团糟。他们有点儿不明白,衣食无忧不愁吃喝,为什么还是过不出梦想中的称心如意?

事实上,财务状况的好坏,并不能决定生活质量的优劣。

与其买不实用的高档家具,倒不如把屋子打扫得干干净净,整理得清清爽爽。坐在窗明几净、井井有条里,喝着白开水说说家常话。

抑或一家人坐在沙发上，看看电视、聊聊天……

普通人家的生活品质，其实和琴棋书画诗酒花的关系不大，更多时候，它藏在柴米油盐酱醋茶的温和从容里。

人人做得到，家家可实现。不是非要有了钱，才能过得像个人。

4

把日子过好，需要的是能力，而不是银行卡上的可观数字。

你或许不信，但真的有人，在一穷二白时，活得精致而坦然。比如我最喜欢的民国淑女郭婉莹。

郭婉莹，生于富贵，长于锦绣。在她的前半生里，永安百货公司四小姐的头衔，赋予她养尊处优的悠闲日子。可当她步入中年，厄运却随着时代风云骤然而至。

她被安排到农场进行体力劳动，有一段时间负责刷马桶。她穿着粗布做的旗袍和旧皮鞋去工作，认认真真地清理秽物，将马桶刷得铮亮。

那时候，她的家产被没收，丈夫死在监狱里，一儿一女也都在远方。家里的西式烤箱和纯银餐具都变成旧梦，可她用乡下最普通、最常见的炊具，给自己做了一份精致的下午茶。

在一生最贫穷、最无助的时光里，她用一种不妥协、不将就的姿态，将对生活品质的追求，融入到了细枝末节里。

无关贫富，无关权势。有关的只是对生活的尊重，对自己的厚

爱。当一个人想要认真对自己好的时候，生活品质的提升就已经开始了。

如今，大部分人已经走过了三餐不继的艰难时光，因此，人们的需求也由生理层面上升到精神层面，生活品质也渐渐成为一个热门词汇。

只是，在当代人的普遍认知里，似乎唯有贵的东西，才担得起"品质"二字。

多少人一掷千金，用奢靡和铺张来显示自己的品位和趣味。

其实不然，我们对生活品质的认识，进入了一个误区。事实上，决定生活品质的，只是你的生活态度。

那些比你穷却过得比你好的人，无非是对生活多用了几分心，在有限条件下、在能力范围内，竭尽可能地把日子过精致。

这是一个人对生活、对自己最大的尊重。

照顾好自己，
才是最根本的孝顺

◆ ◆ ◆

1

我妈曾说过一句话，让我一想起来就要掉眼泪。

那时我身体不好，她常常陪我住院。我有气无力地打着吊瓶，她就坐在一边絮絮叨叨。

"跟你说多少次了，要注意身体。现在好了，又要打那么多针，吃那么多药，多受罪！"

我嫌她烦人，忍不住怼了回去："我这打针的都不嫌疼，你叨叨什么？"

"你疼我也疼啊！"她脱口而出，又站起来叹气，"妈妈恨不得替你挨着，可又不能。"

我鼻子一酸，匆忙别过头去，所有的话都被哽咽的喉头堵了回去。始终有一条看不见、摸不着的纽带连着我们，把我所有的不适和

疼痛都源源不断地反馈给她。

所以她常常说："你平平安安，妈妈就能开开心心。"

天下父母，莫不如是。

邻居家有个在北京工作的儿子，一年也回不了几次家。小伙子粗枝大叶，老两口的一颗心便终年吊着。

听到他说胃疼，就怕他没好好吃饭；一说聚会，又怕管不住自己的小伙子把酒喝多；天气预报说有雨，便忙不迭地打电话去提醒他带伞……

外人劝老两口少操些心，他们苦着脸解释："没办法啊，那孩子对自己的身体一点儿都不上心。"

儿女的饥寒冷暖，几乎就能决定他们的欢喜悲忧。

所以为人子女，你对自己多一分用心，远在家乡的爹娘就少一分忧心。

小雅说，自从她爸妈学会玩微信，她就再也不敢在朋友圈透露自己的生活状况了。

那几天加班干活，常常熬到凌晨两三点，她习惯性发了个朋友圈说"晚安"，还不忘配上一桶冒着热气的方便面。

第二天早上七点，父母的电话便火急火燎地惊破了小雅的美梦，她迷迷糊糊地接起来，却听见爸妈在那一头焦虑万分："囡囡你胃不

好,怎么又吃方便面?不能总是熬夜加班啊,对身体不好的……"

小雅苦笑:"工作哪儿有不加班的?我这么拼命,也是为了早点儿接你们来城里住啊。"

谁料妈妈忽然哽咽起来:"我看新闻里说有个跟你差不多的姑娘,熬夜伤身,结果猝死了。我跟你爸不求你大富大贵,只求你健康平安。"

当时,这新闻刷爆网络,小雅边看边揪着一颗心,不仅为这个姑娘惋惜,更为她的父母心痛。

人生有四悲:早年丧母、青年丧父、中年丧妻、晚年丧子。

其中最令人绝望的痛,当属白发人送黑发人。子女的提前退场,无异于将生命的最后一个支撑无情抽离。这苍茫人世间,便再无希望和明天。

拿命换钱,再拿钱来孝敬父母,多少人在这样的恶性循环与消耗里兜兜转转。

但我们可能误解了孝顺,也误解了责任。

真正的孝顺不以钱来衡量,却必须用生命的长度和陪伴的温度来保障。

3

有一件真事儿,说的是一位年过半百的父亲,给患尿毒症的儿子捐了肾。

父亲只想把处于死亡边缘的孩子拉回来,割一颗肾算得了什么?他愿意把自己的命都豁出去。

手术很成功,康复后的儿子回到校园,但离开父母监管的他,开始随心所欲地打游戏、熬夜、喝碳酸饮料,把医生的嘱咐抛到了九霄云外。

没过多久,父亲给的肾就坏了……

许多人责怪这孩子,说他辜负了父亲给予的第二次生命。但大多数人都没意识到,自己也可能正在糟蹋父母给的第一次生命。

熬夜的人总是很多,放纵口腹之欲让垃圾食品穿肠而过的,比比皆是。在病魔未来临前,我们意识不到生命的可贵,更意识不到,自己对身体的糟蹋,已是对父母最大的辜负。

每个生命都蕴含着父母毕生的心血,经过十月怀胎的小心翼翼,再冒着生命危险分娩,然后喂奶喂饭,教他说话走路,供他读书识字,费尽心思把只会哭泣的婴儿一点点养大成人。

其中的艰辛和幸福难以用语言来形容,但生命的价值与传递,也正藏在这样的生生不息和代代相传里。

《孝经》有云:"身体发肤,受之父母。不敢损伤,孝之始也。"

最基本的孝道,其实就是呵护好这一身受之父母的皮囊啊。

它凝聚着父母的心血和爱意,你怎么舍得随意糟践?

4

史铁生说,"儿子的不幸在母亲那里是要加倍的。"同理可证,儿女的病痛在父母那里也是要加倍的。

几天前,我哥发了一条朋友圈:"女儿第一次打针,感觉心都要碎了。"

细问才知道,不到一岁的小侄女被流感传染,断断续续咳嗽好几天,最后不得不输液治疗。

孩子手上的血管太过纤细,针只能从头部扎入,小侄女哭得撕心裂肺,我哥这七尺大汉也红了眼眶,只觉得一颗心又苦又涩。

他说:"那一刻我就在想,只要她健康平安就好,以后成绩差点儿、收入低点儿,都没有关系!"

做父母的,固然会望子成龙、望女成凤,用子女挣来的荣光为自己的暮年增添一抹亮色,托起日渐坍塌的余生。

但在人人只有一次的生命面前,所有的要求和渴望都可以退而求其次。

我相信大部分父母都和我的妈妈一样,不太关心你"飞"得有多高,却无比在意你"飞"得累不累。

生命有多珍贵,创造生命于你的人最懂得,也最敬畏。

那么请回到主题来,孝顺到底是什么呢?

有人认为是拼命赚钱,为父母买大别墅、请保姆,弥补他们的大

半生操劳；

有人认为是功成名就，让父母脸上有光，受尽别人的尊重爱戴；

有人认为是嘘寒问暖，记挂父母的饥寒冷暖，把一天天老去的他们照顾得无微不至。

这些当然都可以作为衡量孝顺与否的硬指标，但以上的一切，都以好好活着、健壮安康为前提。

试问一个病恹恹的身躯，如何撑起"孝顺"二字？一个失独家庭，又从何处获得幸福的动力？

你的身体并不仅仅属于你一个人，它是稚子所有的仰仗，也是父母晚年的全部寄托。

"拿什么来孝顺父母？"

"不如先戒掉熬夜！"

有件事儿和读书一样重要

1

我在典型的中国式家庭长大，从小就被教育，心灵美才是最重要的。小姑娘家家的，应该把所有的精力都放在学习上。打扮得花枝招展的，都是那些贪玩不爱学习的坏学生。

因为被不停灌输这样的理念，我把自己的容貌残忍地忽视了二十多年。

上大学前，我丝毫没有护肤的概念。一袋两块钱的儿童霜就是对自己那张脸的所有交代，进了大学后，才猛然发现自己几乎是全班最黑的女生。

可悲的是就算已经过了20岁，我依旧牢记着父母教给我的那套言论，对免费学习的形体塑造和美容化妆嗤之以鼻，完全意识不到美丽的容貌能为自己增色不少。

云贵高原上的紫外线导致了多年的黑色素沉积,加上随意的发型和穿着,那四年我活成了校园里最朴实无华、最不起眼的模样。

直到工作之后,经单位的姐姐们提醒,才跟着她们第一次去了化妆品专柜。对比之下,我才注意到自己毛孔粗大、皮肤黝黑、头发枯黄,与那个香气氤氲的场合格格不入。

我这才感觉到,一味地追寻内在丰盈而忽略外在美丽,不修边幅,也是一种无知和浅薄。

2

从二十世纪八九十年代成长起来的小女孩,大多有过和我类似的成长轨迹。

我们的父母,刚刚从饥饿和贫穷里挣脱出来,需求还停留在原始的物质阶段,对儿女的要求也多是找份好工作过上好日子,对外貌这回事儿多少有些敷衍和不屑。

也有一些人从小美到大,成为鹤立鸡群一般的存在。但很多人,都是在青春期里幡然醒悟,毅然决然地走上变美之路。

我的好朋友小露,高中那会儿就开始费尽心思变白变瘦。

当时的她和我一样,黑里透红的皮肤打着独特的高原印记。有一天她拉着我,神秘兮兮地说:"人的变白极限是大腿内侧的肤色。"

"昨天洗澡时留意了一下,原来我可以那么白呀!"她兴奋得两眼放光,"从今天起,我再也不穿短袖短裙了!我要多吃番茄和猕猴

桃补充维生素C，我要每天跑步减肥……"

她喋喋不休，我却不感兴趣："那多麻烦呀，算了算了。"

后来的许多年里，小露一直坚守着自己的变美法则，而我也继续用"专心读书"这个冠冕堂皇的借口来为自己的懒惰开脱。

可事实上，变美和读书并不矛盾。所谓的腹有诗书气自华，并不排斥芙蓉如面柳如眉。一个花容月貌且出口成章的女人，才算得上是十分美女。

读书以修身养性，美容以修整面目，它们一个作用于灵魂，一个作用于身体，所以它们珠联璧合、锦上添花。

竭尽可能地美起来，其实和博览群书一样重要。

"以貌取人"是最近流行起来的一个观点，据说"一个人的能力和素质，与她的美丽程度是成正比的"。

美国有项报告指出，"长相好、身材好的人，不仅薪水可能比普通人高，升迁的可能性也更大。"

从前我不信，可近来与小露的重逢却让我开始相信美貌也是一种生产力，并认真思索这一论断的可行性与合理性。

她穿着一袭长裙款款而来，一头栗色长卷发，当年的黝黑脸蛋已经变得白皙细腻，略施粉黛便光彩照人。

坐下来聊天，才知道她已经通过自己的努力和自律，被提拔为中

层领导，前途一片大好。高中毕业至今，她在长达十年的光阴里坚持着晨跑，毅然决然和垃圾食品说拜拜，上班总是化精致的淡妆。因为突出的形象气质，小露代表公司参加了好几次演讲，夺下大奖后令领导刮目相看，机会自然也就来了。

在工作能力同等的情况下，人们的目光总会不由自主地看向更漂亮的那个人。这也许是因为，人与人之间的交际也始于颜值，才陷于才华，别人没有义务通过你的邋遢外表，去发现你的满腹经纶。

现在的小露整个人都变了，举手投足间落落大方。大家都赞她是美人，她也就在变美的道路上越走越远，因为美丽本身就具备强大的自信力。

除了带来自信，美丽还可以养成自律。对生活一丝不苟的小露，好习惯也带到了她的工作里。

认真卸妆洗脸的她，拥有一张整洁干净的办公桌；

有条不紊化妆的她，能够有理有据、文笔流畅地写工作报告；

坚持减肥美白的她，也能在工作中持之以恒地进步；

……

你的外在，其实也体现你的内在。

④

事实上，天生丽质的姑娘一直都是少数，大部分女孩普通如路人，容貌不上不下，身材不好不坏。她们后来的耀眼夺目里，其实都

附着着精心雕刻的痕迹。

变美是一种能力，持续美下去，它就变为你的卓越才华，成为你的附加值，可与读书带来的气质超然相媲美。

你的脸上，藏着读过的书和走过的路，更藏着敷过的面膜和吃过的维生素。

二者缺一不可，美起来刻不容缓。那些走路带风、惊艳时光的女人，不仅花了大量时间来阅读，还投入了不少心思、精力去护肤保养，健身塑形。

其实变美的途径，说来说去也不外乎以下几个：

一、身材管理

管住嘴迈开腿，是成为美人的基本素养。

二、护肤美容

一白遮百丑，说的就是好皮肤的魅力。私认为，这才是美人的根本。

"肤如凝脂，手若柔荑"，这短短数字，已然是倾城之姿。

三、衣品提升

对女人来说，穿衣是一门学问，它在蔽体之外，还能恰到好处地扬长避短，衬托你独一无二的美丽。

一件得体绚丽的衣裳，有时也不啻于你的战袍盔甲，带来力量，也饱含呵护。

四、学会微笑

飞扬跋扈的漂亮姑娘和热情大度的普通女孩,乍一看是前者受欢迎,但时间久了,其内在的人格魅力会促使人们做出第二次选择。

有时候一个笑容,便可让你拥有花容月貌,因为我们的眼睛,会受到心情的蛊惑。

愿你腹有诗书,也面如春花。愿你才高八斗,也倾城倾国。

别让身体拖累你的人生

1

我上了四年大学,毁掉了好好的身体,平生最后悔之事莫过于此。

那一纸化验单摆在医生面前时,她漫不经心地跟我说:"多休息,不能劳累,注意千万别感冒。"

我端坐在凳子上,有一丝紧张从心底慢慢升腾。那时我还想不到生与死,临近毕业的我,最关心的是另一个问题:"那我还能不能做记者?"

"不要做。"否定句被医生表达得云淡风轻,她低头"唰唰"开着化验单,"肾病最忌劳累,记者恐怕要四处奔波,更何况……"

她顿了顿,镜片后的两只眼睛透出淡淡的怜悯,随即轻声叹了一口气。

就这样，我的"准媒体人"身份被无情剥夺，四年的努力也几乎付诸东流。

再后来，病情恶化，我成了瘫在病床上的一团泥。但最让人绝望的并不是肉体受折磨，而是孱弱的身体无法撑起海阔天空的梦想。

那些年，我一次次问上天，为什么是我？

我仔仔细细地回忆从前的生活，这才发现熬夜吃外卖都是家常便饭，而一颗争强好胜的心又时刻把人往焦虑和紧张里推。时间一长，本就羸弱的身体自然要雪上加霜。

并非每个人都有霍金那样的智商和毅力，在大部分普通人的世界里，身体垮了，梦想和希望也就跟着碎了。

这很不温柔、很不励志，但这就是现实。

身体的不良耗损正在一点点侵蚀你的梦想。

据报道，2017年征兵体检合格率竟然不足50%，前来应征的少年郎们多被检测出体重超标、视力欠佳、"三高"等问题，所以不得不忍痛放弃。

同学的弟弟小张就是其中之一。

这个从小抱有飞行梦的95后男孩，因为视力不达标而在体检时被淘汰出局。

小伙子悔不当初："我不该老是玩电脑，也不该熬夜玩手机！"

平时觉不出利害，直到体检时栽了跟头，才猛然意识到自己的视力大不如前。可懊恼没有用，我们都不得不承认这么一个残酷的事实：能力、才华和自信，所有一切优秀品质都无法替代一副健康的身体。

不仅仅是参军入伍，不信你随便点开一条招聘或招考，身体健康必然赫然在列。

试想一下，当你心仪已久的企业来招聘，你好不容易过五关斩六将，把笔试和面试全拿下了，最后却因为化验单上的指标不合格而惨遭淘汰！

是不是欲哭无泪、捶胸顿足？

没办法。毕竟付薪水请你去，为的是创造价值分担工作，作为硬指标的体检结果客观存在，并不能被主观意识左右。

所谓身心健康，也是身体在前，心灵在后，这说明一切脱离了身体健康的才华能力都是空中楼阁。

有什么都不如有个好身体，它是你勇往无前的保障，更是你最后的退路与庇护。

因为再不济，你也有个好身体，能吃能睡能工作，人生就不至于跌入万丈深渊。

认识一个不大不小的老板，头几年发了点儿财，呼朋唤友过得很

是热闹。

可这几年市场突变,他的生意一落千丈,连续亏了两三年,最后不得不关张大吉。为了给员工支付遣散费,他又抵押了房子卖了车,有情有义地把大家伙儿送走。

一下子从天堂跌到地狱,妻子受不了,毅然决然地跟他办了离婚手续。

这个消息让人大吃一惊,我以为他会整日无精打采,把余生都泡在酒精里醉生梦死。

可再次相见时,这位大哥却穿着运动服塞着耳机在湖边跑步,虽眼神里还透着点儿忧伤,但前进脚步是坚定而执着的。

我们停下来聊天,谈及近况,他笑着说:"我最近都在做饭、喝茶、运动、看书,什么都没有的时候,更得有个好身体。"

一席话让人肃然起敬,忽然就对他有了东山再起的信心。因为在最低谷时还能淡定自若地呵护健康,那至少说明他分得清轻重缓急,也有十足的勇气与能量。

身体好,其实就是在积蓄最根本的人生动力。

一副好身体才是你的最根本竞争力。

2017年夏天,我的朋友圈被一位准新娘猝死的新闻刷屏,她的最后一条朋友圈说:"我烧糊涂了。"

03

爱自己，世界才会更爱你

女孩在一家网络科技公司上班，已经做到了经理，平日里要带团队，压力很大，生活也不规律。

此时，她已经拍好婚纱照，忽然到来的死亡不仅摧毁了梦想，也把家庭拖入万丈深渊。

我们总急于用透支身体的方式去换钱，却很少意识到，身体健康，财富和名望的获取才有价值和意义。

其实道理都懂，作为一个90后，我和我身边的小伙伴们，也都踏上了养生之旅。

熬夜时，一定要敷面膜涂眼霜；对着烧烤油炸食物大快朵颐时，一定要大口喝下金银花露。

大家开起玩笑来，恨不得在啤酒里也加上几颗枸杞。

一场虚张声势的掩耳盗铃，可"我还年轻"，似乎就能成为万能解药。

2016年年底的一份《2016北京白领健康白皮书》已经把健康问题堪忧的90后推到了大众面前，他们的健康指数甚至低于正式步入中年的70后。

余生漫长，前方不知还有多少黑暗等着你去闯。没有好身体，拿什么去和困难与挫折相抗衡？

身体撑不起梦想，这才是人生最大的悲哀。

5

挥霍健康是最令人扼腕叹息的浪费。

年纪越大，越发相信身体是不可再生资源，那用一点儿少一点儿的精力和精气神，其实根本禁不起折腾和挥霍。

失败的理由千万种，最令人沮丧的一种是后天原因形成的身体不给力。因为它把所有的"我本可以"都判了死刑，而那充当刽子手的人，多半是你自己。

村上春树说："身体是每个人的神殿，不管里面供奉的是什么，都应该好好保持它的强韧、美丽和清洁。一个好的身体，就应该是一种信仰，可以帮助我们更加清醒地审视自己。"

如何去供奉这座神殿呢？医学家、营养学家、社会学家曾写出无数著作来教导世人，其实概括下来也不过简简单单三句话：

"认真吃饭。好好睡觉。心态平和。"

千万别让明天被梦想抛弃的你，来怪罪今天不爱惜身体的你。

我节俭，
不代表我廉价

1

我出生在一个不富裕的普通家庭，从小就被教育，节俭是中华民族的传统美德。我吃过没钱的苦，大概也是90后中少见的惜物之人。

可是前几天，我因为节俭被狠狠耻笑了一番。

导火索是我的手机，是三年前的旧款，屏幕不算特别大，好在灵敏度不错。我经常端着它敲敲打打，利用零零碎碎的时间码字。

那天有个朋友在某山庄请客，去了一大帮认识不认识的男男女女。开饭前大家坐在鱼池边闲聊，一个打扮得花枝招展的姑娘，忽然指着我的手机问道："你怎么还在用这样的手机？"

那个声音尖刻高亢，一下子吸引来无数眼光。我有点儿尴尬，还没来得及回应，她又从自己的手袋里掏出崭新的"苹果"手机，半是揶揄半是炫耀地说："我用的都是最新款'苹果'。"

周围已经有人附和，"对啊对啊，女人就该对自己好，买点儿贵的东西怎么了？"

甚至开始有人关心我的处境："你是不是没工作？老公不肯给你买吧？哎呀！我跟你说，女人一定要经济独立……"叽叽喳喳说了一大堆，我干脆大方承认自己脚上那双鞋也穿了快三年了，同情可怜的眼神瞬间包围了我，眼看着一个大写的"廉价"被贴到了我的脑门上。

于是一大盆滚烫鸡汤迎面泼来：

"你什么都嫌贵，别人就会嫌你便宜！"

"什么都舍不得扔，有什么生活品质可言？"

"女人，千万不要过打折的生活！"

这些都没错，问题是，我的收入还不足以轻轻松松支付昂贵奢华的生活。我现在的目标，是在能力范围内买到性价比最高也最适合我的东西，而不是最贵、最光鲜的。

"廉价"一词，往往让女人们闻之色变，唯恐自己身上招惹上了一丝一毫的便宜气息。因为它至少代表了三层意思：

首先是物质上的，廉价几乎是地摊货和山寨品的代名词，集中突出了一个人的品位低劣。

其次是你不够自尊自爱，因为在好好爱自己里，就包含强大的物

质供养。

最后是对个人能力的严重质疑，你不行，所以只能穿得那么low（低水平）。

这三条中的任何一条，都足以让一个积极向上的姑娘无地自容。所以大家不顾一切要买贵的东西，一种错觉也在年轻姑娘中如病毒般大肆蔓延，似乎敢花钱，就一定能赚到钱。似乎穿了贵的衣裳，就一定能成为贵的人。

恕我直言，这是本末倒置。有些论断，只是无底线地放大了人们内心的自私与贪婪。更何况，不是所有人都有资格在年纪轻轻时，便过上锦衣玉食的潇洒日子。家庭条件与个人能力的限制，都注定了我们不得不在某些年限内节俭度日，用付出和努力，静待赚钱能力的提升。

修成由内而外的贵，才能真正摆脱廉价的命运。

节俭并非廉价的同义词，因为节俭不是克扣自己的吃穿用度，把日子过成惨不忍睹的寒酸样，而是把资源利用做到极致。

事实上，我也从未觉得节俭让生活大打折扣，更不承认自己是个廉价的女人。

我会起个大早去买最新鲜的蔬菜水果，也会在专卖店打折时购买一些经典单品，每逢超市促销便囤下适量货物。我们在家搞定一日三

餐，总有集营养与美味于一身的一荤两素。柜子里衣服不多，胜在舒适合体，穿得出自己的风格和气质。闲来翻翻书、喝喝茶，倒也品得出岁月静好、现世安稳。

更重要的是，物欲带来的焦灼烦忧能在平静如水里被慢慢洗去，诸葛亮说的"静以修身，俭以养德"，并不是没道理的。

正如林清玄所言：

"真正的生活品质，是回到自我，清楚衡量自己的能力与条件，在这有限的条件下追求最好的事物与生活。再进一步，生活品质是因长久培养了求好的精神，因而有自信、有丰富的心胸世界；在外，有敏感直觉找到生活中最好的东西；在内，则能居陋巷而依然能创造愉悦多元的心灵空间。"

好生活不是钱堆出来的，真正的贵，也不需要刻意的物质衬托，就像有人背了A货包包不会有人怀疑，有人背了正品却要被讽刺为爱慕虚荣。决定个人价值的，永远都不是身上的行装和外在的装饰。

当然了，每个人都有自己的生活方式。自己辛辛苦苦挣来的钱，怎么花都合适。但若你还处在一穷二白的起步阶段，就请牢记"一粥一饭，当思来之不易；半丝半缕，恒念物力维艰"。

节俭不代表廉价，奢华也不意味着高贵。

有趣的灵魂太少，
忙碌的躯体太多

1

杭州有一家面馆，上过《舌尖上的中国》。

这是一家老店，店面狭小，装修也简单。但是，每天都有人排着长队等座位。

原因当然很简单，味道足够好。好得吸引了摄制组的到来，引发舌尖上的全民狂欢，吃货们蜂拥而至。

许多人猜测，老板要发大财了。

出名后的餐饮店，一般都会急着开分店扩大经营，然后赚个盆满钵满。毕竟凭借一阵好风顺势上青云，是大部分人的习惯性思维与做法。

可这位老板，却出人意料地任性。他没装修店面，更不招商引资做大做强，依旧守着小小面馆，遵循着从前的规矩：只营业半天，一年还要固定放两个月暑假。不管食客们心急火燎，也不顾白花花的钞

票流进别人的口袋。

他的任性，甚至开始于走红之前。

这样的人真的不多了。但凡生意人，无一不心急火燎地奋战在商海浮沉里，唯恐自己闲一秒钟便错过一个亿。

但他就是愿意给自己放假，愿意闲下来。闲下来做什么呢？他没说，但我们可以猜个大概。

可能是喝茶听戏，可能是养花种草，也可能是看电视睡大觉，反正是偷来浮生半日闲，把心放空一会儿。有过舒适放松，才有耐心和兴致，去四面八方寻访新鲜食材，认认真真去寻找食物与唇齿间的最佳联系点。

满心焦躁的人，无法做出俘获味蕾、触动心灵的佳肴。世间的大部分优质作品，都诞生于心平气和的游刃有余里，哪怕它只是一碗再寻常不过的汤面。

不急不躁、不慌不忙，生活才能有滋有味、有声有色。懂得在忙碌中闲下来的人，多半懂生活，也有智慧。

但有许多人，不能容忍停下来的自己。

因为大多数人，都在潜意识里暗示自己，把忙碌等同于努力，把闲视为懒。

一停下来，遏制不住的罪孽感便密密麻麻生长起来。总是隐约觉

得自己会变成偷懒的兔子,在不知不觉中,被缓慢的乌龟迎头赶上,输得彻彻底底。

比如我,其实我也是个不敢轻易停下来的人。

把自己嘲讽为可怜的"加班狗",可自黑里,似乎又带了那么一点儿自豪。当时是夜里十一点,我还伏在电脑前敲敲打打,只觉得自己好勤奋、好努力。

到了周末,有人邀我爬山游泳时,我总会因为书稿未完而婉言谢绝,继续把自己扔进密密麻麻的文字里。然而春光大好,渴望撒野的心始终在蠢蠢欲动。犹豫和纠结时时浮上心来,显示屏上的文字似乎也开始跳动,搅得我无法安神。

等到天黑下来时,字没写几个,人却弄得筋疲力尽。这或许是一种普遍的都市病,我们总会不由自主地把闲看成一种罪过,哪怕疲劳状态下的忙碌毫无效率。

繁华都市里的芸芸众生,哪一个不像旋转的陀螺?松懈就意味着一头栽倒,忙忙碌碌,似乎就是凸显存在价值的重要标准。

毕竟我们从小接受的教育,都要与时间赛跑,要把每一分每一秒都利用起来,才不至于为虚度光阴而悔恨,为碌碌无为而羞耻。

尤其是在今天这个高速运转的现代社会,人们习惯用名利来定义成功,时间也成为一种不可再生资源,浪费即可耻。我们不得不把匆

忙活成常态,早就忘了花儿几时开,月儿几时圆。

一停下来,罪孽感便扑面而来。总有一个声音在催促,警醒着你奋斗也如逆水行舟,不进则退。

只是近来读苏轼,一篇小文却让我产生醍醐灌顶之感:

"元丰六年十月十二日夜,解衣欲睡,月色入户,欣然起行。念无与为乐者,遂至承天寺寻张怀民。怀民亦未寝,相与步于中庭。庭下如积水空明,水中藻荇交横,盖竹柏影也。何夜无月?何处无竹柏?但少闲人如吾两人者耳。"

我想象着月光下的空明澄澈,忽然看到了做一个闲人的乐趣与幸福。试想那月色如水,两个人边走边说些闲话,仿佛一切美好舒适都涌到了心头。有些风景和心境,只在闲下来时,才会猛然闯进眼睛和心灵。

世间有趣的灵魂太少,可能正是因为忙碌的躯体太多。

也许,是我们把"闲"这个字误会了很多年,它代表着的,并不仅仅是消极的自我放逐。还有一种闲,能与忙相得益彰,互不为敌。

忽然就懂得了那位面馆老板,为什么一定要去偷那浮生半日闲。

最高级的闲,当属余光中先生所言:"天下的一切都是忙出来的,唯独文化是闲出来的。"

英国也有句有异曲同工之妙的俗语:"当下午钟敲四下,世上的

一切瞬间为茶而停止。"

说的是下午茶,每天下午四点左右,无论多忙,英国人都会放下手头工作到茶室小憩一会儿,俨然形成一种深入人心、优雅自在的下午茶文化。

事实上,能在忙碌里真正闲下来的人,都非等闲之辈。

比如陈道明,他接戏不多,只乐意窝在家里弹琴下棋。当妻子绣花,他便裁皮包做手工。做尽一切无用之事,却得以安遣有生之涯。

生存与生活之间,隔着的或许就是一个适度的闲。

前者在忙碌里求名利,后者却懂得在夹缝里寻觅遗失的美好。忙是生存的必需之物,闲也是生活的不可或缺。

生而为人,我们需要看看花喝喝茶,去做一些与活着无关的闲事、美事。关键只在于正确处理忙与闲的关系,把闲控制到合适的频率与长度。

关于停下来这个话题,我始终记得墨西哥的知名寓言:

一群人急匆匆地赶路,突然,一个人停了下来。旁边的人很奇怪:"为什么不走了?"

停下的人一笑:"走得太快,灵魂落在了后面,我要等等它。"

我们需要的那些光阴虚度,其实就是在平庸的日子里开一朵花,让落后的灵魂循着幽香,缓缓地找回来。

做到这五件事，
才算真正的富养自己

关爱身体健康

"富养自己"这四个字一说出口，大多数人想到的，都是华服美食、鲜衣怒马。再具体一点儿，该是富丽堂皇的广厦豪宅、餐桌上的山珍海味，以及账户里的长串数字。

人们习惯用这样的物质丰裕，来定义"富养"二字的基本意义。因为富养自己首先要养的，就是身体。

这无可厚非，只是太多人看重肉身享受与皮囊供养，反而忽略了最基本也最重要的健康。

认识一位王哥，从前他认为，"富养自己及家人，需要很多很多钱，必须拼了命去挣。"

王哥经营着一家装修公司，属于白手起家。创业初期资金紧张，

人手不足，王哥便白天在装修现场干活，夜里抓紧时间出设计方案。最夸张的时候，他试过三天三夜连轴转，瘫倒在床上那一刻，身子是软的，脑子也是空的。

这样的日夜兼程赢得了广大客户的口碑，公司迅速盈利，五年后跃入全城十强，可谓财源广进、春风得意。全家搬进大别墅，开上了大奔驰，眼看着梦想成真，王哥却因为忽然晕倒被送进医院。一查就是肾衰竭晚期，接下来的手术和恢复，把一家人折腾了整整两年。

安宁富足的生活被打破，王哥才发现富养自己的根本条件，是一副健康的身躯。因为享受这繁华世间的一切欢乐和幸福，都以好好活着为前提。

健康是人生大写的"1"，其他如名望、财富、地位等都是"1"后面的"0"，如果前面的"1"没有了，后面的所有一切都将失去意义。

所有拼命透支自己换来的好生活，都是本末倒置，是对富养自己的最大误解。

注重自我投资

富养自己的终极目标，是让自己贵起来。富而不贵，一切便都浮于表面，自欺欺人而已。

但"贵"，远不止一个狭隘的珠光宝气式富贵，它还包括灵魂

的高贵、人品的珍贵。但在现实社会里，贵的意义偏重于个人价值的实现，也就是你值不值钱，这与投入在自己身上的金钱与精力息息相关。

"说白了就是舍得为自己花钱呗！而且每分钱都要花得有价值。"

这句话是惠子告诉我的，毕业第三年，她已经升职加薪，在外企做得风生水起，由小镇姑娘华丽蜕变为精英女性。

见习期还没过，惠子就花了大半个月的工资，给自己报了全外教英语班，因为学校学来的英文满足不了她的工作需要。

她也网购，但以书籍为主，从政治宗教，到散文诗歌。书读得多了，渐渐也就口吐莲花，吹气如兰，气质大变。更重要的是知识打开了广阔天地的大门，改变了她的思维模式与眼界格局。

久而久之，惠子的能力得到提升，气场也在向"两米八"无限靠近。吃穿用度自然也精致起来，整个人都有了脱胎换骨的高级感。她花钱为自己"买"来了一个锦绣未来，让自己由内而外地贵了起来。

配得上欲望的才华、衬得起野心的能力，其实都需要自我投资去完成。这项投资，是真金白银打造的终身工程。

为自己花钱，真的很容易。不容易的是，把钱花到最有意义的地方去。这考验我们的眼界和认知，是自我投资的精髓，更是富养自己的关键。

因为一个更好、更美、更强大的你，才是真正被富养的你。

那么，请记得一定把钱花到让你变好的地方去。比如读书、比如旅行、比如充电。

用心对待生活

小时候见过邻居家的一位秀气老奶奶，皮肤白皙，脚步轻盈，说起话来轻声细语，和那些大大咧咧坐在树下讲着飞短流长的老太太截然不同。

那会儿，我经常和她的小孙女一起玩，偶尔会到她家去。其实也是最常见的农家小院，不同的是花木繁盛，在盛夏里生出一片清凉寂静。老奶奶在葡萄架下摆了小桌，桌上有茶具，是白底青花的瓷壶与茶碗，缺了小小的口，旧旧的，看着已有些年头。她躺在一张陈旧的竹椅上，啜一口，便闭上眼睛，仿佛沉入一个美好旧梦，脸上透着淡淡的从容安乐。

时至今日，我仍记得老奶奶包的饺子精巧细致如小小的元宝，也记得粗陶花盆里盛开的水仙花……或许正是这些小小的点缀慰藉了她的半生悲苦，她在物质贫瘠里，一直努力富养着那颗丰盛的心，以此来平衡生活的种种不易。

"当你用认真有趣的态度对待生活里那些看似无趣的小事时，就会收获一份份小小而确定的幸福，从而觉得生活美好无比。"

村上春树的这句话，或许也能为怎样富养自己做一个生动诠释：

生活品质的提升,要用钱,更要用心。

当你能够用心地生活,才是善待自己的真正开始。

用努力为美好生活买单

当我第一次领到工资,能为自己的衣食住行买单时,一种自豪与骄傲油然而生。尽管最初的时候,我把自己养得粗糙无比。

那时我穿着淘宝买来的裙子,用超市促销的面条和榨菜来打发肠胃,紧巴巴地计算着每一笔迫不得已的支出,活得有点儿狼狈,也有点儿心酸。

办公室的大姐们,张口闭口都说着出国度假香港购物,我坐在角落默默听,插不上话,只得尽量缩成一个小透明。因为以我当时的收入水平,根本谈不上用物质来富养自己。那时我只想着努力工作,争取早日转正,走上升职加薪之路。

后来发生许多事,超出我的预想和假设。幸运的是五年后的今天,我也有了足够的能力来对自己好。至少,我懂得怎样用物质讨自己欢心。

基础当然就是金钱,它是实实在在的欢愉,正藏在那句抽象的"好好工作,天天向上"里,印证在每个加班的夜晚与充电的假期。

青春年少时,我会寄希望于"踏着七彩祥云而来的盖世英雄",期待他能改变我的生活,把我认真收藏,妥置安放。最好再有一座

"藏娇的金屋",用很多很多钱和很多很多爱,来富养那个被呵护的我。可当我成长成熟,却发现丝萝托乔木的攀附,只是富养外表之下的另一种苟且。

富养自己的主语和宾语,都该是那个有能力、有勇气的"我"。经济独立、人格独立与思想独立,才能拥有富养自己的底气。

而这些独立,大多源自工作带来的金钱、力量和自信。

丰富内心世界

见过一些妆容精致、衣着时尚的女孩,对各式口红、粉饼与香水如数家珍,但提起《诗经》《楚辞》或绘画音乐时,只有一脸茫然与不耐烦。

她们都是"富养自己"的积极拥护者,常常一掷千金,入手各式昂贵的衣物和化妆品,却抽不出时间读完一本书。谈起兴趣爱好,却不过是几句词穷的听歌或看时尚杂志。

难怪王尔德会说,"好看的脸蛋太多,有趣的灵魂太少。"因为有太多人,只是在用"富养自己"来放纵压抑的物欲。可事实上,有趣的灵魂与丰富的内心,才是富养自己的重要保障。

许多小说和电视剧,都喜欢放大富人的内心孤独,把物质丰裕与灵魂空虚鲜明无比地放在一起,来告诉你一个赤裸裸的真相:止于物质的富养,带不来真正的幸福和安宁。

所以，你需要在物质之外竭尽可能地丰富自己，垂钓爬山也好，书法绘画也罢。爱好的存在，是让你在生存之余有事可做，寻得到一处欢乐净土，安放尘世喧嚣里的赤子之心。周国平说，"人真正的高贵在于灵魂。"而我说，"灵魂的高贵始于丰富的内心。"因为内心丰盈的人，更容易与外部和解，感知一草一木的深情，领略一花一叶的美丽，对世界和自己都温柔相待。

富养自己，重心在养，富乃修饰。而"养"这回事，在于养身，还在于养心。至于富，是物质上的富裕，更是精神上的富足。

不愁吃穿，也不少欢笑，就是最简单也最深刻的富养自己。

余生很长，

不必慌张

人生的每个阶段都有独一无二的美，过了少女时代的明媚鲜妍，还会有后来的庄重优雅。就如同春华秋实，幸福充实的一生是顺着时光笃定向前的。

长大后，
我们都活成了至尊宝

❶

春节前几天，我跟赵媛见了一面，她刚刚自北京归来。那顿饭，算是给她接风洗尘。

可我们吃得不算太开心。

因为菜一上齐，她的眼泪就掉了下来。我有些手足无措，慌忙问她出了什么事，她擦干眼泪，哽咽着告诉我："我妈生病了，股骨头坏死，要做手术。我爸也得糖尿病好多年了，一直都在吃药。"

我愣住，突如其来的坏消息让人反应迟钝，一时间反而不知如何安慰。几秒钟后，我才下意识地送出自己的关心和慰问："没事儿吧？他们都有退休金和医保吧？"

"不是钱的问题。"赵媛抽了抽鼻子，"他们已经离不开人，所以我必须放弃北京……"

啊？我大吃一惊，却再也找不到安慰她的话。因为逃离家乡小城，曾是赵媛前半生的最大心愿。

为此，她头悬梁锥刺股，发狠一般地学习。高考志愿填的全部都是北上广，毕业后辛苦打拼，用一介弱女子之躯扛起沉重的工作与生活，一步步把自己逼上了升职路。

但如今，她说她打算放弃这一切……

我觉得喉咙干涩，大半天才提出一个无力的建议："其实，你可以给你爸妈请个保姆的。"

可她摇头："这不是根本问题。"

那么根本问题是什么？她不再细说，但我们都心知肚明。作为独生女，照顾父母是她必须直面的责任和义务，或早或晚而已。

她叹口气，将苦咖啡一饮而尽，眼中泛起若有若无的泪花，然后自嘲一笑。

另一个男生姓陈，也是妈妈生了病，是胃癌，医生说她时日无多。

一家人痛哭流涕，妈妈却从容得多，伸手摸摸他的头："妈妈唯一的遗憾，是还没看到你结婚成家，好想抱抱孙子再走啊。"

她说得平静，小陈却听得眼泪汹涌。那时，他27岁了，在家乡人眼里，已经是不折不扣的剩男。长辈们都操碎了心，变着法儿给他

介绍对象，可他总推三阻四，想尽办法拒绝。

因为心中有束白月光。

是朋友的朋友，他一见倾心，便不管不顾地追了三年。可姑娘始终若即若离，仿佛近在眼前，却又远在天边。

小陈的心被牵动着，莺莺燕燕都入不了眼。就这样心甘情愿地等着做备胎，在姑娘失恋时陪着哭、需要帮忙时赴汤蹈火，渴望用诚意来慢慢感化抱得美人归。

"你若安好，备胎到老。"他爱得辛苦，父母看着也着急，却不忍心对他说一句重话。直到病魔来势汹汹，心愿马上就要成为遗愿。

小陈思来想去，最后踏上漫漫相亲路，在一年内飞速闪婚，娶了一个温柔善良的姑娘。谈不上爱情，但母亲的安心笑容令他义无反顾。

后来，他常常说自己是现实中的至尊宝，遗憾的是紫霞不爱他。

闺蜜曾经告诉过我，她去一家小超市买水，付款时发现店主面熟。

扯了几句闲话确认眼神，才发现他是高中时代的音乐王子，吉他弹得尤其溜。十多年前，他常常独自站在夕阳里练歌，一门心思要参加选秀比赛。

有人看好他，但也有人唱衰他，但他完全不在意，只一门心思活

在自己的音乐世界里。

那时候,闺蜜也是个文艺青年,对这个挚爱音乐的少年颇有些好感,便在毕业后加了QQ(即时通信软件)和人人网,密切关注他的一举一动。

大二那年,他果然参加了某个声势浩大的选秀并杀入决赛,梦想似乎初现轮廓,一切仿佛唾手可得。

那段时间,他在同学群中备受瞩目,一跃成为焦点。同学们都在为他加油助威,兴致勃勃地参与了这场造星活动。

但是很遗憾,他在决赛中被淘汰,从此再未登上大舞台。同学们一哄而散,陪着他的,只剩下那个虚无缥缈的音乐梦想。

闺蜜也琐事缠身,忙着复习考研写论文,渐渐把这段短暂的"追星"抛诸脑后,只是隐隐约约地听说,他退了学四处比赛,当起了流浪歌手,甚至去过横店跑龙套⋯⋯

偶然想起,也会钦佩他的逐梦热情,不料十几年后,却发现他回乡开起了小超市,长发剪成板寸,那双弹吉他的手理货找零,和所有的普通男人一样。

她没有跟他打招呼,只默默出门而去,心里有点儿哀伤,也有点儿快乐,复杂且矛盾的心态组合在一起,却毫不违和地拼凑出了关于他的完整故事。

"放弃梦想,或许也没那么可耻吧。"闺蜜感慨,"活到这个年

纪，我越来越相信，人生还有比梦想更重要的东西。"

4

看过谢霆锋在清华大学的演讲，他态度谦卑彬彬有礼："论年纪我觉得大家差不多，但是要论学历的话我差你们很远。所以我会想，我有什么资格去给你们讲话呢？"

真觉得他变了一个人。

我们都知道，从前的他不是这样，那个在演唱会上砸吉他的少年叛逆而桀骜。上天给了他足以蛊惑人心的俊朗外表，给了他名声响亮的父母，还给了他别人难以企及的平台……

他有资本飘飘然，接受采访时，得意扬扬地把脚架在桌子上，甚至会不屑地质问经纪人："你做这一行才几年啊？我可是一生下来就入行了！"

那时的年轻人都爱他，因为他释放出了我们内心的叛逆，以及对成人世界的某种反抗。

可祸事接二连三地来，谢霆锋的演艺生涯跌入谷底，不得不暂时退出娱乐圈。

归来时，他成了敬业的代名词，为了拍戏屡屡受伤。

再后来，他穿上洁白的厨师服，一脚踏进人间烟火，慢慢变得眉目温柔，身上的利刺和锋芒，也都消失不见。

我觉得，此时的谢霆锋有点儿像取经归来的孙悟空，他抗拒过闹

腾过，最终还是戴上了金箍，乖乖往西天路上去。

经历了九九八十一难，修得圆满，便回到最初的美好里去，在花果山上晒太阳摘桃子，做一些自己喜欢却又不违背世俗的事情。

偶尔地，他大概也会想起当年大闹天宫，然后自嘲一笑，继续去做他的斗战胜佛。

金光闪闪，万人敬仰。

5

其实大部分人的结局，都是回到俗世里去，去成为标准之下的好人。

就像《大话西游》里的那只猴子。

而我们，都已经活到了一看《大话西游》就忍不住默默流泪的年纪。

从前不理解，至尊宝为什么心甘情愿把金箍戴到头上。现在我们明白了，那个金箍象征着成长过程里必须挑起的担子和必须承担的责任。

至尊宝有500年来领悟，而普通人类能有的，不过短短数年。

不过那又怎样呢？成年人的世界，本就没有"容易"二字啊。

唯愿取经路上仍能是非分明，不忘初心。

生死之外无大事

◆ ◆ ◆

1

2014年,我在医院待了七个月零九天,历经肺感染、肾移植手术和高钾酸中毒,在鬼门关绕了好几趟又原路返回。

那个时候,距离我被查出肾衰竭已经两年多了。我和医院的亲密接触,也持续了两年多。

频繁进出医院的人,对幸福的感知反而更敏锐,对生命与生活的感悟与珍视,也更深刻。

因为医院连接生与死,在这里你最容易想明白一个人人都懂却难以贯彻实施的真理:

世间事,除了生死,哪一桩不是小事?

生死考验在走出校门一周后就来了,那种俗称"尿毒症"的病似乎也算绝症之一,需要靠每周两三次的血液透析来替代已经完全死去

的肾脏，才能保证我勉勉强强地活下去。而当活下去成了唯一目标，生活质量就无从说起了。

我的同龄人忙着买车买房、结婚生子，可我只想痛痛快快喝一杯水，舒舒服服睡一觉。

因为肾脏功能缺失，水分无法排出，透析病人被要求严格控制水分，而心力衰竭、不宁腿等各式各样的并发症常常会让我的入睡极度困难。

我一遍遍地自我检讨，对过去吃下去的垃圾食品、混乱作息以及暴躁焦虑痛心疾首。

那时我常常对自己说，如果能够再活一次，我一定会心平气和，认认真真地对待身体和生活，做个温柔善良的好姑娘。

上苍一定听见了我的祈祷，它真的又给了我一次机会。

2014年9月，我等到肾源，成功进行了肾移植手术，半年的休养后，又变得活蹦乱跳，有了一个无限可能的将来。

病友们把这称作重生，重生后的我，的确像是变了一个人。

第一年里，我保持着10点睡觉6点起床的好习惯，饮食清淡、心平气和，对周围的一切都充满感恩和感动。

过去的我是个标准学霸，在社团、学业与写作间连轴转，一分一秒都舍不得浪费，早就忘了花儿几时开，月儿何时圆。

后来的我却可以从一朵花开里感受到生命的蓬勃向上,可以从一顿粗茶淡饭里吃出喜悦和幸福。一草一木皆是风景,一粥一饭也饱含深情。

世上最珍贵的东西,永远都是那些失而复得的人和事。曾经的失去和被剥夺,其实就是警钟长鸣,那些折磨和苦难,都是另一种方式的觉醒与改变。

海伦·凯勒在《假如给我三天光明里》写道:

"在故事中,将死的主人公通常都在最后一刻因突降的幸运而获救,但他的价值观通常都会改变,他变得更加理解生命的意义及其永恒的精神价值。

"我们常常注意到,那些生活在或曾经生活在死亡阴影下的人无论做什么都会感到幸福。"

我也是那个幸运的人啊。

后来我上班了,重新融入滚滚红尘,成为在功名利禄中摸爬滚打的凡人,各种各样的烦恼自然也就接踵而至。

我本以为自己看得开,与死神的擦肩而过足以让心底豁然开朗。

可微薄的薪水、烦琐的人际关系以及遥不可及的梦想都让我心力交瘁,有段时间,我觉得自己又走到了崩溃的边缘。

那时我已经有了男朋友,到了谈婚论嫁的地步。

我每天焦虑于婚房布置,恐惧婚后的柴米油盐,也担忧婆家怎样看待患病的我。再加上工作中的艰难困苦和同事相处的磕磕碰碰,失眠又找上门来,搅得我坐卧不安。

这些烦恼,几乎存在于我们每一个人的生活中。生活就是一个不断折腾的过程,可那时的我还不明白怎样去化解这些消极和悲观。

安抚不了我时,高先生说:"你真该去医院看看,想想从前的自己!"

我真的去了,在某个和他大吵大闹哭得肝肠寸断的午后,我鬼使神差地到了医院,悄悄摸到了血透室。

进进出出的熟悉面孔已经不多了(大概已经不在人世),我的记忆也有点儿模糊,可透析机的嗡鸣声和报警声让那段黑暗岁月忽然又鲜活生动起来。

不寒而栗的我,站在盛夏的阳光里失声痛哭。

那里满载着我的噩梦,手术后我始终不敢正视那道血淋淋的伤口。但很多时候,遗忘真的代表着背叛,我背叛了自己的初衷,忘了生命和生活的真正意义。

其实,背叛生活的人又何止我一个?毕竟一帆风顺时,我们都很少去思索所谓的"活在当下"究竟是什么意思。

未曾失去,不懂珍惜。未曾深夜痛哭,还无法体会真正的人生百味。

可是人的欲望连绵不绝,需求一拨接着一拨,当我在同学聚会上

发现自己一无所有,当我遭遇这样那样的不如意,心里的小魔鬼便忍不住蠢蠢欲动。

说好的淡定平和都不知所终……

每当这时,我就会独自去医院门口坐坐。

救护车来来往往,陪伴的家属红着眼眶;匆匆忙忙的人群,脸上都带着忧愁和悲伤。

这个集合了大部分世间苦痛的地方,会让我回忆起那段只想喝一杯水、睡个好觉的黑暗岁月,一种对生的珍视与热忱便瞬间腾起。

然后我就回家去,看喜欢的电视剧,洗菜做饭,静下心来后再写字看书,忙完了给父母打电话,漫无边际地聊完天,就转身给花浇点儿水。万丈红尘里的慌乱无法避免,重要的是学会排遣和消除。

后来渐渐明白,大多数矛盾和痛苦的根源其实就是遏制不住也挥之不去的欲念和执念。放不下与想不开,才是阻碍你走向幸福与光明的最大绊脚石。

每个人都只能活一次,可当我们身体健康时,总觉得死亡遥远得无法想象,日子长得好像没有尽头。

然而人生苦短,生死无常,谁也说不准明天和意外,哪个会先来。如果生命的长度无法控制,那么我们能做的就是拓展它的宽度,尽可能地去丰富和享受活着的每一天。不为难自己,不与他人较劲,在生活和欲望之间寻找到一个最佳平衡点。

所以死过几次的我,喜欢偶尔去医院走走,那里治身体的病,也

抚慰焦虑躁动的心。因为强烈对比之下的心灵震动，总会让我有所感悟，猛然惊醒活在当下有多重要。

而最直接有效的活在当下，不过就是好好吃饭、按时睡觉、努力工作、认真相爱，做世人都在做的、最普通的事情。

作为健康人的你可能还不会相信：最大的成功是健康地活着，所谓的好日子，不过吃好睡好，所爱之人全部安好。

你最后悔的事情是什么？
这个调查看哭无数人

❶

和朋友聊天，忽然说到后悔药。

话头一扯开，感慨便有些泛滥。回了家还恍恍惚惚，于是打开电脑，键入"你最后悔的事情是什么"。

随意打开一个网页靠前的调查，结果却让我大吃一惊。据说是有人在北京街头做了一个调查，街头挂了一块黑板，上面写着"你最后悔的事是什么？"

围观的人不少，还有人凝神思考，直到一个戴眼镜的女生在黑板上写下了自己最遗憾的事，"没有学画画，那是我从小就想做的事"，后来陆续有人流连在这里，写下了自己的遗憾。

令人意外的是，人们最后悔的事情，并非做过什么，而是没做什么。

原来，最让人追悔莫及的不是做错，而是错过。

记得我八九岁的时候，综艺节目刚刚兴起。其中有个电视台，播出一档情感类寻人节目。

他们每期都会请来一位嘉宾，声泪俱下地讲述自己的往事，然后再由节目组替嘉宾去找人圆梦，用那些大起大落的期待与失落来收买观众的眼泪。

我第一次看到这个节目时，委托人是个事业有成的男嘉宾，不帅，但脸上身上都散发着岁月沉淀后的睿智与温柔。那时他三十好几，未婚，希望节目组可以帮忙寻找他暗恋过的女孩。

十多年前，他在一家小工厂打工，附近是一所学校。每天下班回出租屋，他都会在路上遇见那个爱穿红毛衣的女孩，她面容皎洁，美得像是天使降临。

他猜测她是学校的老师，教音乐或舞蹈的那种，爱慕之心渐起，于是便在无数个黄昏里尾随着她缓缓而行。看夕阳拉长了两个人的身影，也在心里幻想过无数次以后，可从来不敢上前说一句"你好"。

因为那时的他，是个身无分文的穷小子。

他觉得自己这只"丑小鸭"，配不上那个白天鹅般的女孩。所以始终把爱埋在心里，然后远走天涯，渴望着衣锦还乡时，再去心爱的姑娘面前诉说情怀。

可这一奋斗，十几年就匆匆而过。等到他什么都有了，姑娘已嫁作他人妇。

那个女孩最终没出现在节目中，但她托工作人员带来一封信，我记得有一句是这么说的："有些事，错过了一时，也就错过了一生。"

男人红着眼眶匆匆退场，站在电视机前的我呆若木鸡。当时我还年幼，第一次清晰地感知到了什么是遗憾。

如果当时上前一步呢？

也许结局并不会改变，但至少能在若干年后回首时，对得起当初那个满心期待的自己。

3

毕业那年，阿霞得到一个去北京工作的机会，私企，月薪不算高。

她蠢蠢欲动，父母却强烈反对，他们苦口婆心地劝："去北京有什么好的？要自己租房子做饭，工资还那么低，你一个女孩子，何必去吃那种苦？"

阿霞家境不错，父母在小城镇做了大半辈子生意，一家人比上不足，比下却绰绰有余，为儿女安排一条好走的路并不算难事。为了打消女儿北漂的念头，她的父母托关系，终于在本地一家不错的公司为她谋得一份闲职。

老家有房有车有工作，下班就有现成的热饭吃。亲朋好友都来劝解，甚至搬出了父母年事已高的理由，慢慢地，她动摇了。

于是回了老家，果然过上了优哉游哉的日子。紧接着便相亲谈恋爱，嫁了和自己门当户对的男孩，再然后，生儿育女，生活趋于平淡，却也岁月静好，现世安稳。

只是偶尔和同学联系时，不甘会一点点地浮上心头。因为当年的她也曾满腔热血，渴望着职场奋战的饱满人生。

事实上，回乡和北漂都只是一种生活方式的选择，并不存在高低贵贱之分。只是放在阿霞身上时，它就变成妥协和放弃，成为遗憾的代名词。所以午夜梦回时，总是心怀不甘，仿佛贯穿余生的一块心病。

而另一个朋友，毕业后义无反顾地踏上南下列车，在人不生地不熟的广州打拼了整整六年。后来她学会粤语，却跟着男友返回家乡的省会城市，买房置业结婚生子，过上了和当地人一模一样的烟火日子。

她说："我对现在的生活很满意，我尝试过、努力过，当得起'无怨无悔'四个字。"

逆袭的故事从来都只是小概率事件，但让人难以释怀的，通常不是失败，而是从未为梦想抗争过。

只有试过了，才能安然地把自己放进平平无奇的余生里去。

4

20世纪80年代,改革开放的春风吹遍神州大地。

当时,我爸还是20岁出头的小伙子。他读的书不多,但也敏锐地捕捉到了时代变革的气息,开始有意识地做些小买卖。

他曾和他的表哥去到离家将近二百公里的边境小城河口,把电子手表、服装等物品卖给越南边民。回程时,再把榴莲和芭蕉之类的热带水果贩卖回来,双份赚取差价。

一来二去,他们尝到了甜头,对栽田种地没了兴趣,只想专心做生意。但奶奶暴跳如雷,一千一万个不答应。

她不识字,从旧社会的吃不饱、穿不暖里走过来,经历三年困难时期,经过人民公社吃食堂,饿怕了、穷惯了,于是认定抓在手里的土地才是安身立命之本。

在深情依恋着土地的祖辈们看来,买卖不过是投机倒把的小玩意,哪儿比得上朴实土地结出的硕果累累令人心安?可爸爸也在改革开放的浪潮里嗅出了春风拂过的芬芳,他也执意不肯放弃。

两代人僵持不下,拉锯战闹了大半年。最后,爸爸不得不妥协,他黯然垂首,默默收拾了秤砣、秤杆、计算器,像是认命一般,心甘情愿地被土地套牢。

一转眼,20多年过去了,爸爸老了。他在土地上辛勤耕耘一辈子,也只养大了两个孩子,所谓梦想和个人价值,都被丢弃在遥远的

从前。

偶尔讲起这段往事,他依然耿耿于怀,不时感慨一句:"如果当时一直干下去,说不定你们就是富二代了。"

事实上,当年那些时代弄潮儿也未见得个个出头。但我这半途而废的老父亲,把梦埋了半截,另外一半,就沦为余生念念不忘的忧伤。

真正的遗憾不是窘迫的现状,而是放弃自己最想要的那种人生啊!

5

经常听到有人说:"我很想去做某某事,可我又怕会怎么样怎么样……"

风险评估是行动之前的必备步骤,但很多时候,我们都会在极度的利弊权衡之下丧失追寻梦想的勇气,转而选择另一条人多的、易走的、注定不会出错的路。

但这些安稳,都会为未来埋下遗憾的伏笔。就像马克·吐温说:"20年之后,比起你做过的事情,你更会为自己没有做过的事情后悔。"

去做你想做的一切吧,只要不违法犯罪,只要不践踏道德。任何时候开始都不算晚,等到千山万水踏遍,再带着风景和记忆回归。

如此,方对得起未来的自己。

别把俗世推得太远

◆ ◆ ◆

1

十几岁的时候,我妈说:"你是个大姑娘了,该学学烧饭、做菜、收拾屋子了,否则以后会嫁不出去的。"

她用开玩笑的语气来调侃,我却忽然恼怒起来,大声嚷嚷着我才不要变成个煮饭婆呢,边说边抓起笔来,气鼓鼓地往书桌前一坐。

那时的我,总觉得自己多读了几本书,已被书香熏陶出了超凡脱俗之气。一双纤纤素手必须调素琴,阅金经,唯恐自己被洗衣做饭这种琐碎俗事熏出油烟味,因此总要刻意做出些不食人间烟火的模样。

我对自己说,一定不要活成世俗妇人,我必须穿着高跟鞋和职业套裙,昂首挺胸地走在最繁华的CBD(中央商务区);下班后,就坐在咖啡馆里静静读一本书,吃装在小碟子里的精致蛋糕。

一转眼,十几年过去了。

你一定想不到,在写这篇文章时,我穿着睡衣和拖鞋坐在书房,煤气灶上炖着一锅鸡汤,香味悄悄飘了过来。

我深吸一口气,欢快地给高先生打电话,嘱咐他早些回家喝汤。

洗衣机也在轰隆隆响着,春天的阳光很柔软,最适合用来烘干一整个冬天的沉郁。床单被罩和枕巾被我一股脑扔了进去,我计划着吃过晚饭,就和高先生一起把羽绒服、毛衣、秋裤都一一叠整齐收好。

我终究,还是沾染上了满身烟火气,没活成当初最渴望的仙女模样。

可我竟然一点儿都不失望,反而从这样的世俗日子中品出些岁月静好来。

后来我发现,不是我一个人。

认识一位文友,文章写得飘逸动人,丝毫不落俗套。朋友圈也常常出现练瑜伽、跳舞的画面,我一直以为,她是个十指不沾阳春水的美人儿。

直到有一天,她在朋友圈晒自己腌的泡萝卜。

我吃了一惊,连忙上前讨教,不料她讲得头头是道,步骤明晰。我照着她给的方法,果然做出了风味独特的泡萝卜。

想想只觉得好笑,义之女青年们勤勤恳恳地洗坛子腌萝卜,在油盐酱醋里自得其乐,画风歪得让人难以置信。

她却笑:"当年不食人间烟火,其实都是虚张声势。"

她也曾白裙飘飘远庖厨,特别有神仙姐姐的味道。

后来她结婚了,开始写自己的丈夫、孩子,文风随着生活而转变。堂妹来家里探望,见她穿着睡衣披头散发地拖地,不由得感慨:"姐姐,我以前总觉得你是不食人间烟火的仙子。"

这句话倒真引出了一丝伤感,红尘再美好,仙女也是用坠落的姿态向下,说来似乎总有些不值得。

可转念一想,你我都是凡胎肉体,又何来真正的仙风道骨?那些所谓的不染纤尘,可能只是用清高来掩饰少年人的单薄。

在不知道自己真正想要什么前,我们都会下意识地对抗世俗,以此来彰显自己的与众不同。

以前读《红楼梦》,我最爱妙玉,最厌恶薛宝钗。

妙玉的生活多美啊,冬天时,把梅花上的落雪用瓮收起,深深埋入地下。待到来年取出,再煮沸,冲入名贵瓷器中,然后端着绿玉斗慢慢品、细细饮,把日子过成诗和远方。

宝钗则不同,她周旋在贾府各式人中,总有些圆滑世故、惺惺作态,让人不由得评价一句"太假了",恨不得将她当作反派来批判。

明明是贾母让她点戏,她却存了一份讨好的心思,故意按着老人家的喜好来。

家乡特产到了，她给每人都分了一份，就连最惹人讨厌的赵姨娘和贾环也不例外。

王夫人无意中逼死了丫鬟，她劝解起来，竟把跳井说成是失足，简直是睁着眼睛说瞎话。

大观园出了事，她就忙不迭地搬走，以免自己蹚进浑水里去。

这样的处事周全，想来便是世俗人生里的最紧要法则，也算是一种完美的处世智慧。就连曹雪芹本人，也用"山中高士晶莹雪"来赞颂她的贤惠得体。

可我们的眼睛只盯着林黛玉的"真"，总感觉人间处处是尘埃，恨不得自己能变作被埋葬的那一片花瓣，也好借着"质本洁来还洁去"的光，把自己的一生渲染得凄美动人。

人们年轻的时候，难免要高看自己一眼，自以为是最与众不同的那一个。可最终，大部分林黛玉都长成了薛宝钗。

进入社会，慢慢懂得了曲意逢迎，也开始注意人际交往。

林黛玉有一个大观园可逃避，但你没有。

所以每次企图将世俗推开，它却报之以更残酷的反扑。当挣扎痛苦过后，大家纷纷拾起薛宝钗的处世哲学，把这种让人心有余悸的蜕变，称为成长。

没办法，谁叫你也是俗世中的一分子？

推不开，便只能握手言和。

❹

我是25岁以后才喜欢上刘嘉玲的。

起因是梁朝伟的一句话:"嘉玲就是我的驱魔人,当我听到她的笑声,听到她对我说话,我就知道我已经回到了现实之中。"

这个眉目精致而直白的女子,怎么看都无法与爱看书、爱品茶、动不动就飞去伦敦喂鸽子的文艺男搭在一起,可梁朝伟却把她称为一生最大的惊喜。

开始我不懂,直到我自己进入婚姻,开始面对千头万绪的琐事。在欲哭无泪时想起刘嘉玲的故事,才猛地明白了她的可敬与可爱。

据说装修房子时,梁朝伟兀自收拾了小箱子出门,把一大摊子事全部留给妻子。等到工程临近尾声,男主人才拖着箱子施施然而归,坐享妻子的辛劳成果。

两个人出去应酬,有人向梁朝伟敬酒,他却反问:"我干吗要跟你喝?"在这种时候,刘嘉玲便跟在丈夫身边解释赔笑,巧妙地化解尴尬。

梁朝伟是真正超凡脱俗的人,言行举止无一不文艺深沉,这个世界对他无可奈何。粉丝因此而爱他,可这些让人着迷的特质,却恰恰是最可怕的婚姻杀手。

一男一女的结合,关系着柴米油盐、牵动着人情世故。只挂念着诗和远方的人,很难把婚姻经营得有声有色。幸运的是,梁朝伟遇见

的是刘嘉玲。

她始终都是热气腾腾的，那样的真实和家常，正好能最大限度地包容梁朝伟的坚硬棱角。而梁朝伟也看得出妻子的看似坚强的外表下，藏着柔弱的一面，总能在最关键时刻，成为她最有力的支撑和依靠。

如今，年过半百的她容光焕发地上节目，幽默地调侃丈夫，还喊出了一句惊天动地的口号："我整个人都是无价的！"

我第一次发现，原来真实竟可以如此美丽。

看过这么一句话："真正活明白的人都有一个特质，那就是充满烟火气。"

蓦地想起林语堂的《京华烟云》，女主角姚木兰从书里看到煮花生粥时需加一点儿碱，这样才能达到软烂黏稠的效果。

同样一本书，有人看出"道"、有人看出"情"，姚木兰却从细微处窥见烟火人间的秘密，并且在生活中信手拈来，将世俗日子打理得井井有条。

难怪曾经抛弃她的丈夫，会在中年后再次深深地爱上她。

私认为，她的可爱之处，正是拿捏好了世俗与典雅的比例，能温柔地洗手做羹汤，也可以优雅地写诗作画，还有霸气和贵气隐隐透出来。

所谓雅俗共赏，如是而已。

事实上，俗也分为三种：低俗、庸俗和世俗。

第一种关乎人品，第二种体现品位，第三种则是一种处世姿态。

而中国人最推崇的处世姿态，不外乎"外圆内方"四个字，既顺应世道，但又保留着内心的原则与底线，与这个不那么美好但也不那么恶劣的人间握手言和、泰然处之。

别把俗世推得太远，这样你才能在寻常生活中发现美、感受美。

但也别靠它太近，记得要在内心修篱种菊，纵然结庐在人境，心中亦无车马喧。

当年发一整天短信的人，如今不在朋友圈

1

我的第一部手机，是上高中时买的。

翻盖的摩托罗拉，彩屏只有小小的一点儿，简单地显示着时间和日历。功能也很少，除了能打电话、发短信，就是有时钟、闹铃，以及有"俄罗斯方块"这一类简单游戏。

但那个时候，它承载着我所有的快乐。我几乎无时无刻不在等待它的振动，准确地说，我在等一个人的短信。

那个人叫阿树，是坐在我后桌的男同学。我们的关系，大概就像《那些年我们一起追过的女孩》里的男女主角。情愫疯长，却被学业准确无误地压制，没人敢越雷池一步。

但他会发短信给我，每天十几条，有时告诉我明天要降温，有时发一串似是而非的英文，有时只是个有趣段子，有时则是几句暧昧的

调侃与暗示……

我痴迷于这说不破也说不透的关系，珍惜着他发来的每一个字，甚至会工工整整地抄在笔记本上。

记得有一次晚自习，和同桌闹意见不开心。手机忽然"嗡嗡"振动起来。我悄悄拿出来看，他说："别不开心啦，拉着脸就不好看了哦！乖，笑笑！"

气忽然就全消了，我又低下头悄悄编辑内容，和他你一言我一语地聊起来。手机充当了我们的信使，电波在一前一后两张课桌间来回流动。

那时我以为，他永远都会在我伤心难过时发一条短信给我。我只要一回头，就可以看到那张笑意盈盈的脸。

可是才过了一两年，手机QQ、飞信就取代了短信，而我们，也已经相隔千里。萌芽的情感，不知不觉中死在了千山万水的距离中。

然后我们毕业了，他有了女朋友，我得了绝症……

我住在昆明一家医院，他在短信里追问我的具体位置。我流着泪不肯回复，第二天却看到他猛然出现在我的病床前。

那天我穿着病号服，剪短了头发，整张脸都肿起来，一点儿也不像当年那个被他呵护过的女孩。

我努力地笑着迎接他，他低着头轻声安慰，递给我一个小小的魔

方,说了一些千篇一律的祝福话。

后来的700多个日日夜夜,我一想起他,就转一转魔方,然后会感觉到温暖,也会觉得很凄凉。其间我申请了微信,却不敢去加他。

又过了三年,肾移植手术成功,我认识了高先生。他给我做饭、带我散心、陪我住院,把爱情结结实实地塞过来。我沦陷在成熟的温柔里,一年后做了他的新娘。

婚后第三个月,我鼓足勇气加了他的微信,平静地告知我的近况。包括结婚了、要出书了、越来越好了……

他回复:"太好了,这才是你该过的生活。"

我回了一句"嗯",他那边也沉默下来,眼泪似乎已在打转。

我匆忙退出对话框,转头去看他的朋友圈,却发现三天可见……

我呆了半天,许久才接受已沦为普通同学的事实。看了看日历,这才惊觉那个发短信逗我笑的男孩,已距离我十余年。

想起那些失眠的夜晚,挣扎在生与死的深渊里触摸着来自他的温暖,希望就在心里慢慢升腾。

所以,我带着他给的勇敢和坚强独自行走,遇见了高先生,由另一个人,接手了我的后半生。

但后来,我还是删除了他。

原谅我的小心眼和小脾气,因为我始终无法把这个贯穿青春的男人等闲视之。

我宁愿彻底失去。

3

我大概还失去过一个闺蜜。

也是十多年前的事儿了，文理分科后认识婷婷，我们年龄相仿，趣味相投，自然而然地做了好闺蜜。

和所有的闺蜜一样，我们一起吃饭、一起逛街、一起看电影，分享各自的小秘密。除了睡觉，几乎每时每刻都黏在一起，活成了亲密无间的"连体婴"。

可是年轻时的友情和爱情一样，受限于时间，受制于命运，随着时间的推移，便不可避免地渐行渐远。

她在我生病之后，对我的眼泪与哭泣产生了恐惧。后来她对我说："我刚刚上班，烦心事一大堆，实在没精力安慰你，没办法，只好躲着你。"

一躲就是三年。

我不理解她在职场遭遇的钩心斗角，她也无法体会我在病中的敏感脆弱。偶尔打电话，三言两语的寒暄后便无话可说，仓促挂断似乎还带着几分尴尬。我们已经在不同的路上，各自的悲喜也无法完全参与。

婚礼时，我执意要请她做伴娘。那两天我们依然手挽手，言笑晏晏，好像什么都不曾改变。

可彼此的手一松开，便再度回归现实，找不到曾经那份温热的友情了。

她依旧在我的好友栏里，但朋友圈横着浅浅的一道灰线。我会猜测她如今的生活，回忆着过去的亲昵，却不再奢望未来的亲近。

其实很多曾经的形影不离、如胶似漆，都不会出现在你的未来里。大部分人，注定只能陪你走一段。

4

你看，我们已经活到了不断告别、不断失去的年纪。

包括父母，包括儿女。

送女儿上幼儿园的同事，脸色忧伤地把第一天入园的情景说给我们听。

她说："我本来以为女儿会哭得撕心裂肺，想不到她会平静地朝我挥挥手就跟着老师进去。反而是我，哭得上气不接下气。"

因为还有无数个离别等在前方，做父母的，也只能陪着走一段。余下的山高水长，都需要孩子自己去面对，跋山涉水往更好的地方去。

这是求学之路，也是人生之路。

我想起了小时候，父母要求我学着自己洗衣服，做简单的饭食。我偷懒不肯时，他们总是说："爸爸妈妈不能跟着你一辈子，要学会自己做事。"

很伤感，但又是个不可违背的自然规律。

是谁说的，父爱、母爱都是一场得体的退出。在适当的时候放手，才是最深沉的爱和责任。

做子女的，也要明白独立的意义，学会一个人去走那漫漫人生路。因为谁都会离开，来来往往人声鼎沸的一生，就是一个不停相遇与别离的过程。

而大部分人，都只能"到此为止"。

每一次交朋友，每一次谈恋爱，我们都是奔着天长地久而去的。

人类对孤独有天然的恐惧，结伴而行的路程，会有欢声笑语，走起来似乎不那么艰辛。

可人生是一场马不停蹄的相遇和别离，每个岔路口都有人要离开，哪怕送了一程又一程，躲过了生离，还有死别……

总有那么一段路，需要你单枪匹马去闯荡，磨砺出坚强的意志，练就出独自生活的勇气和能力。

独自撑起风雨阳光的"单身力"，或许就是失去的另一种意义。

因为并不是每一个参与过去的人，都可以在我们的未来里奉陪到底。如果终须一别，我们要学会的就是相聚时尽情欢笑，离别后各自安好。

因为慢慢懂得了：你能来我的生命里，是我的荣幸。你只陪我到这里，却是我们的命运。

当我独自翻山越岭走出另一番天地，再回望过去那一段，仍会感激山河温柔、岁月静好。

没有故事，
就是最好的故事

◆ ◆ ◆

1

出书之后，有个朋友跟我说："我好羡慕你。"

我以为这只是礼节性的赞美，刚想谦虚几句，却听见她感慨："你的经历那么曲折，素材多丰富啊。我要是你，也一定可以写得很棒，这简直就是老天爷赏饭吃！"

什么？竟然有人羡慕我的经历……

虽然，我真的是一个有故事的女同学。

我的人生，就像一个蹩脚编剧为了凑剧情而强行添加的大冲突，因为来势汹汹的病症看不到一丝征兆。并且，它把时间设置在了我的22岁——学业与职场交接之际，青涩向成熟转换之时。

历时三年，苦苦挣扎，手术五次，肺感染差点儿送命。最后倾家荡产换了肾，却一辈子都提心吊胆地活在阴影里。

本以为要孤独终老,上帝却安排一个姓高的男人登场。至此,便集齐了爱情、绝症、不离不弃这种过时剧情里才有的关键词,但也意外得到一个happy ending(美满结局)。

起因、经过、发展、高潮和结局(虽然不是最后的)都有了,现成的故事似乎就能信手拈来。不是有人说吗?苦难是文学的温床。看曹雪芹、看史铁生、看奥斯特洛夫斯基……

我不否认,苦难能锻造出一颗更通透的心,也能成就更敏锐的观察力和感知力,但她真的误会了。

跌宕起伏的人生从来都不值得羡慕,因为每一个峰回路转都意味着坠入深渊,每一个柳暗花明都代表着曾经山穷水尽。

赋闲在家时,我翻过一本旧杂志,封面显示着1990年,里面刊登了一篇关于戴安娜的文章。

纸张已经发黄,戴安娜的脸有点儿模糊,文章写得也一般,唯独一句话让人印象深刻。戴安娜对一个艳羡她的女售货员说:"如果可以,我愿意和你互换人生。"

那年,她和查尔斯王子的婚姻裂痕尚未公之于众,威廉和哈里已经出生了,真人版的童话故事正演到烈火烹油处。几乎全世界的姑娘都渴望自己变成那个幸运儿,穿着水晶鞋嫁给王子,住进城堡,过上幸福的生活。

再后来,婚变传出、车祸到来,美人香消玉殒。"戴安娜"三个字登上各大媒体的头版头条,沦为一个美丽忧伤的传说。

一定没人记得那个英国售货员,她应该是嫁给了一位普通的男人,生了几个孩子,在紧张忙碌的工作间隙,从电视里听闻戴安娜的死讯。她大概也掉了几滴泪,然后蓦地明白了当年那句话的真正含义。

平淡的人生也没什么不好的,起码避免了大起大落背后的大悲大喜。

不是每个人都有运气和条件来收拾命运丢来的一地狼藉。许多故事,总是一不小心就演变为事故。

上天让你平平淡淡、无风无浪,其实也是另一种形式的厚待。

《新民晚报》曾有个活动,向读者征集"最美上海lady(女士)"风情老照片。

一个年轻人晒出了自己已过世的奶奶徐谟佳,照片里的清丽脱俗瞬间引来几十万网友点赞。

记者上门采访,从徐谟佳的儿子口中得知,她年轻时曾在一部电影中扮演过一个小角色,但家人以不体面为由,终止了她的演员生涯。

随后,徐谟佳嫁了门当户对的少爷,过上了相夫教子的平淡生

活。物资贫乏时,她和许多普通的上海妇女一样,扛过麻袋、搬过铁块,辛辛苦苦地把日子撑起来。

当然也吃了些苦、受了些累,但和同时代的阮玲玉、周璇、李香兰比起来,终究是平淡无味的,不足以被写成书、拍成剧,世世代代地讲下去。

那倾城之姿落在后人眼里,不免有些被浪费的感觉……

其实不然,幸福和圆满都无须轰轰烈烈地演给世人看。一切都如人饮水,冷暖自知而已。

值得流芳百世的故事,都是一个接一个的发展和冲突构建起来的,这些抽象的词语对应到人的一辈子里,大概就会被具象为幼年家贫、情路坎坷、遇人不淑、命运多舛……

所以,对个人来说,没有故事,就是最好的故事。

年纪小的时候,我们都不相信平淡是福。

人生短暂,怎么可以平淡?

自然是要用尽全力冲出命运去,喝最烈的酒、谈最惊天动地的恋爱、做最宏大磅礴的事业,用轰轰烈烈来定义未来。

那时我们都以为,只有这样被风干的回忆,才有资格作为年老时的下酒菜。其实也没什么不对,当人生还是一张白纸,当然会渴望,把最浓烈的色彩与最动人心魄的情节留在上面。

做记者的朋友说:"和有故事的人面对面,总是欣喜又悲伤。"

欣喜的是,曲折的情节写起来总是下笔如有神;悲伤的是,并非所有故事都有光明的尾巴,总有那么一部分人的生活,会因为一次意外而彻底改变,再也回不到正常轨道。

千万别说是因为他们不努力、不强大,当你见过许多人,听过许多事,便会明白命运翻手为云,覆手为雨,真的不是所有人都能与之抗衡的。

文似看山不喜平,但人生和文章不一样。笔墨落下去的每一道转折,都是活生生的眼泪和疼痛。

武侠小说里的主角们,总喜欢在除暴安良平定武林后,面对着夕阳发出一句感慨:"从此后我们归隐山林,不问世事,去过平平常常的日子。"

所以有时候,我也会羡慕那些没有故事的人。

他们的生活通常都没有经历大风大浪,读书、工作和结婚都平铺直叙,小确幸、小甜蜜和小悲伤交替着点缀人生路,就好像一篇温暖而精致的散文。

到了一定的时候,你就会发现,散文的安稳沉静,并不输给小说的跌宕起伏。

当然,各有各的美,各有各的妙。

你要做的,仅仅是爱上自己的命运,不管小说、散文还是诗歌,都努力把它写得好看、耐看。

成长之痛，
放下才能远行

"谁都想生在好人家，可无法选择父母。发给你什么样的牌，你就只能尽量打好它。"

——东野圭吾

认识并正视原生家庭的问题

大学时，我在社团里认识一个性情内向的学弟。

他的自我介绍说得磕磕巴巴，聚餐时坐在角落里，眼神却朝着热闹处。好像极力要融入，却又顾虑着什么似的。

令人诧异的是，他竟然在后来的几次演讲赛和辩论赛里跃跃欲试，虽然每次都打酱油一般陪衬了别人的自信大方。

慢慢地，我们熟悉了。他才告诉我："其实，我加入社团就是为了锻炼自己，我想要克服自己的自卑。"

但我没想到,他说他的自卑来源于家庭环境。

他的父母都是乡镇上的中学教师,各自担任着教研组组长,做起事来雷厉风行,对他的要求也特别严格,几乎时刻都用别人的长处来打击他的短处,希望造就一个德智体美劳全面发展的完美儿子。

可事情发展并没朝预想的方向而去,他在处处不如人的阴影下长大,渐渐不爱说话,只愿独自缩在自己的小世界里。

后来,学弟无意中读到弗洛伊德的童年创伤理论。他用"拨开乌云"四个字来形容自己当时的感受,"我一直以为是自己太差劲,原来差劲的并不仅仅是我一个。"

他开始分析自己受到的教育模式的利弊,为自己身上的问题寻找主观和客观原因,同时也有意识地接触心理学知识,试图通过参加活动,积极主动地治愈自己。

没有十全十美的原生家庭,但面对这个问题,许多人存在当事人心理,判断和结论都难免带着情绪。

所以,客观公正地审视自己的家庭并非易事。但解决问题,永远都以认识问题为基础。

就像这位学弟,开始了对自我、对家庭的剖析,就迈出了摆脱原生家庭影响的第一步。

理解并接纳不完美的父母

有个读者小清,曾对我倾诉过自己与父母的故事。

小清出生于偏远村寨,家里还有一个妹妹。她的父母都是普通农民,靠着几亩薄地养活一家四口,生活清苦而局促。

更要命的是,那个小山村闭塞荒芜,重男轻女的思想根深蒂固。

所以父亲对两个女儿总也爱不起来,他像一头负重的老黄牛,匍匐在黄土地上艰辛耕作,回了家也寡言少语。母亲是唯唯诺诺的旧式农妇,能奉献给女儿的爱也屈指可数。

考上高中那年,父亲用一个破旧的笔记本,一笔一画地写下了学费、住宿费、生活费各类开支。他边记边说:"我会记下你用的每一分钱,以后要一分不少地还给我!"

小清说,她永远忘不了那种严肃认真的计较,在那一刻她觉得自己变成了孤儿。

后来,小清拼了命去学习拼搏,摆地摊发传单做家教样样干过,流汗也流泪地度过了整个少女时代。最终,她在一家外企谋得一个职位,又通过苦干实干升职加薪。

她给父母汇款,却从不主动联系。虽已不再怨恨,却也爱不起来,所以孑然一身地漂在大城市,刻意活成无根的浮萍。

直到有一年,很偶然地回家过中秋。

那几天,父母正忙着收割稻子。

尽管已是秋天,稻田里蒸腾着的热气依旧灼人。站在田埂上的小清看着父母弓身劳作,花白的头顶将她的眼睛刺得生疼。

她开始问自己:"浅薄的认知与粗粝的生活,是否会将亲情和爱都稀释?"

也许真的会吧,可能贫困的父母只是不知如何爱自己的孩子。

毕竟众生皆苦,我们的父母,也不过是被生活逼迫着压榨着的普通人,人性里的弱点和短处,他们也无法避免。

理解父母的苦衷,宽恕他们的过失,这才是一个人真正成熟起来的标志,也是与原生家庭和解的必由之路。

练就挣脱原生家庭的决心与能力

《欢乐颂》中的樊胜美有句话:"一个人的家庭,就是她的宿命。"

说出这句台词时,她的哥哥闯了祸逃出门去,父母带着侄儿来避难,挤在她租来的小屋里。想不到祸不单行,父亲忽然得了重症入院,医药费、生活费全部落在了一介女子的柔弱肩膀上。

故事演到第二部,樊家的儿子又惹出大事儿来,他把瘫痪无意识的父亲送到妹妹的男友家里,试图以此让妹妹现身,继续充当家庭的提款机。樊胜美不堪其苦却又无计可施,与男友关系也因此恶化。

当时，我和朋友讨论，如果我是樊胜美，我该怎么做？

朋友说："其实也没那么难，强大自身、划清界限而已。"

像樊胜美一样被原生家庭所累的女孩，大多渴望借助男人的力量来脱离苦海。但这样做的本质，只是找一个人来分担原生家庭的重压，矛盾不过是换了个形式存在着。

然而，没有谁能始终为你负重前行，摆脱原生家庭阴影这件事，最终也只能靠自己。包括硬件上的物质和能力，软件上的决心与定力。

当务之急不是找一个男人，而是端正工作态度，把寻寻觅觅的精力全部用来自我提升。

因为与一味索取的亲人、家庭划清界限，需要强大的内心和自我为支撑。足够的金钱、能力与资本，能在无形中提升一个人的底气和勇气，赢得挣脱原生家庭的最基本条件。

脱离原生家庭的目的，是拿回人生主动权，按照自己的意愿来生活。

而所谓的掌控人生，就是自强、自立与自信。

积极主动地创造再生家庭

年少时的孙俪，她和母亲相依为命，对生父的背弃耿耿于怀。在很长一段时间内，她都对婚姻充满排斥和抗拒，甚至起过终身不嫁的

念头。

直到她遇见邓超。邓超出身于一个重组家庭,也有过叛逆不羁的少年时光。

可当这样的两个人结合在一起,我们却神奇地看到了传说中的"负负得正",他们组成了一个全新的家庭,一面儿女双全,一面事业丰收。

那些来自童年的负面影响,反而变为可借鉴反思的经验教训,促成了再生家庭的良性发展。

这个过程,看起来并不简单,做起来,却也不见得有多难。

首先需要与父母和解,打开多年心结,学会接受爱、给予爱。

然后是彼此关爱,通过婚姻获取足够的滋养,来弥补童年时代缺失的幸福感与安全感。

婚姻的本质,是把两个年轻人剥离出原生家庭,共同创造一个再生家庭。

再生家庭,其实就是通往幸福的另一条路。

心理学家弗兰克·卡德勒说:"生命中最不幸的一个事实是,我们所遭遇的第一个重大磨难多来自家庭,并且,这种磨难是可以遗传的。"

所以"原生家庭"这个词出现之后,我们的不足与缺失似乎都找到了答案。

那种被称为"童年阴影"的东西,看不见摸不着,却真真实实地

影响着我们的一生。

于是有人把所有的不如意不幸福都归咎于童年创伤,认为一切糟糕的境遇与无力的现状,都需要家庭和他人来买单。

可事实上,心理学家提出"原生家庭"的概念,是为了寻求解决途径,而不仅仅是挖掘问题根源寻找责任方。

解决问题,远比追究责任更重要。

只有无力也无心改变现状的人,才会把一切责任都推向过去。

无论原生家庭为你带来了什么,你都要平静接受,努力为自己的人生添一份光彩。

这,才是对自己负责的最根本姿态。

我的奶奶不识字，
但她过好了这一生

我奶奶明年就80岁了，路走得越来越慢，做菜也会忘记放盐。跟我聊天时，话题变成了某某某上周走了。

某某某是她的老姐妹，一起聊天、一起赶集的那种，也算是暮年时光里的陪伴与慰藉。但说出噩耗时，她神色淡然，并不见一丝对生命消亡的恐惧，似乎"死"这个可怕的字眼和吃饭睡觉一样顺理成章。

她生于20世纪30年代，年幼丧母，在后妈的棍棒底下长大，没上过一天学。20岁不到，就在媒人的说合下嫁给了爷爷，然后就是生儿育女辛苦操持的艰苦岁月。

总的来说，是吃苦受累的一生。为人女、为人妻、为人母、为人祖，她在每一个角色上都尽心尽力，仿佛从未做过自己。

我想写写她的一生，笔调大概会幽怨而悲凉，那是一个新女性对旧时代的回望与默哀，带着一点儿悲天悯人和可耻的优越感。

可满脑子搜索与她相关的回忆时，我猛然发现，这个连自己的名字都不认识的老太太，却默默地向我传达过一些朴素却深刻的人生规则——对我的一生影响深远。

第一个关于生存：靠劳动吃饭，干什么都不丢人。

八九岁的时候，我卖了亲手采来的一篮子苦刺花，赚到了人生中的第一个5块钱。

是奶奶带着我上山的。冬春之交，苦刺花漫山遍野地开，白白的一片，像覆在山头的一层雪。那花朵细细碎碎的，我们把它采来当菜吃，清凉利咽，也算是一道低配版山珍。

苦刺花树是一丛低矮灌木，只及人高，但梗上有刺，仿佛玫瑰花的寒酸远亲，所以采起来并不容易。奶奶舍不得让我受苦，但我执意要跟着去，她便一丝不苟地教我扯着枝叶，把白色的花朵连带着嫩叶迅速摘下。

我把这项劳动当游戏，玩得不亦乐乎。但这却是奶奶的春天必修课，早些年，她翻山越岭地采摘这来之不易的野菜，是为了拿去镇上换钱，买油买盐补贴家用。

她对挣钱是有执念的。

长时间的缺衣少食注定了安全感的终身匮乏，理想被简单投射在钱财代表的丰衣足食里。但她一辈子做着的，都是简单却不轻松的重复性体力劳动，可她很少为穷日子抱怨，嘴里常常念叨的是："好好

干活,哪儿会有穷死饿死的人?"

许多年后,我发现对平凡劳动的正确认识,才是成长的真正必修课。自食其力是世上最值得骄傲的事情,没有之一。

劳动与价值的等量交换法则,是世界观与人生观的形成基础,也是自尊与自信的真正来处。

第二个关于生活:房可以旧,但不能脏。

童年的每个清晨,起床后第一眼看见的,都是扎着围裙的奶奶。她正挥舞着扫把,认真清扫地面的灰尘。屋里屋外,不放过一个角落。

见我揉着眼睛走出房间,她便停顿一会儿,吩咐我打水洗脸:"热水在锅里,快去洗脸。小姑娘家家的,一定要讲卫生。"

那时,我家住在农村最常见的瓦房里。粗糙的水泥地面、陈旧的长案几与八仙桌、藤条椅构成了堂屋的全部。我记得案几上摆着一瓶塑料花,花瓣红得俗艳,叶子绿得也不是很自然。

但奶奶每天都会打一盆清水,用旧毛巾蘸了水,一片一片地擦叶子。每顿饭后,必然要把粗糙的灶台里里外外收拾一遍。小煤炉上熬汤的炖锅底被熏黑了,她也会想方设法地擦到锃亮。

长大一点儿后,我开始不太理解她的做法。

"水泥地人糙」,再怎么扫怎么擦,也不可能像大理石那么光可鉴人。这破破旧旧的老屋,已不值得我们投入太多精力去维持它的干净

整洁。

但她不以为然："自家人住的房子，旧点儿没什么，脏就不好了，自己不舒服，别人也会笑话咱。"

许多年后，有篇爆文说干净的房间里藏着你的福气。那时我结婚半年，在城里安了家，正好接奶奶来小住。她闲不下来，从厨房忙到卧室，从卫生间擦到书房，把我和先生租来的屋子收拾得窗明几净。临走时特意嘱咐："过日子，一定要干干净净的才好。"

她不识字，从没读过《朱子家训》，但却一生践行着"黎明即起，洒扫庭除"。

她这一生，从未起过扫天下的心，所求所愿不过扫好屋前尘土、家中阴霾。

但对普通人来说，做好后者就已经十分了不起了。

第三个关于生命：吃得下睡得着，天就不会塌。

大学毕业后，我生了病，不得不放弃一切回家休养。

那时，爸妈为我的病奔波忙碌，家里经常只剩我和奶奶相对而坐。

我本以为，她会哭天抢地、泪流成河。活到了七十几岁，却眼看着孙辈病痛缠身。对暮年之人来说，最大的悲痛莫过于此。

可病在家里三年，她未提过一句我的病，也从不当着我的面唉声叹气。她只是一日三餐地煮着饭、熬着汤，刻意地少放油盐。除此之

外,生活如常。该使唤我时,依旧会扯着嗓子喊:"来给奶奶剥几个大蒜!"

好像一直都是这样。在我的记忆中,无论家里发生什么事,她都会准时淘米生火,有条不紊地洗菜切菜。油锅声"吱啦啦"响着,屋顶上炊烟袅袅,似乎能把愁云惨雾驱散一点点。

然后她会说:"吃得下睡得着,天就塌不了,日子照样过!"

离家前往武汉做手术那天,我和爸妈一大早出门,她追着送出来,眼眶红红的,仓皇流下来的眼泪已显出浑浊的老态。

她不明白"换肾"怎样换,但开膛破肚让她本能地慌乱起来。我这才明白,她不说不提,只是把苦难不动声色地藏在心里默默消化,用一粥一饭来维持最基本的风平浪静。

我不知道她吃过多少苦,但想象得出后妈的虐待、大饥荒时期的困苦、独自带大四个孩子的辛劳,她大概始终都是这么安慰自己的:好好吃饭,不管饭菜有多难以下咽;好好睡觉,不管明天还有多艰险。吃饱了睡足了,我就继续去战斗。

哭着吃过饭睡过觉的人,通常能够过好这一生。她懂得去何处汲取力量,也明白去哪里安放悲伤。

对不起，
我不做第二个某某某

1

大学时代，我做了三年学生记者，专门采访校园里的各类先进人物。

这样的稿子不好写，因为大家都优秀得千篇一律。侃侃而谈起来，说的无非是学习和品德。所以他们中的大部分人，我都慢慢淡忘了，只有一位姓周的学姐，至今记忆犹新。

因为她说："我要做第一个周小红！"

周小红大一那年，跟着同学去听讲座。

主讲人是知名校友，四十岁上下，妆容精致、谈吐得宜。更重要的是履历漂亮，几乎能满足小女孩对完美女性的所有想象。

同学大呼："哇，太牛了！我要成为第二个她！"

周小红却淡定得很："我只想做第一个周小红。"

成为第二个某某某并不容易，但可以省下思索判断的工夫，不容易出错，风险和失误都可以降到最低。

有人走过且被证实的路，总归是要好走一点点的。

就像那位知名校友，读研、读博、留校，把学术搞得风生水起，生活也安排得圆满精致。女人做到这份上，也算是不枉此生了吧。

可周小红的志向却非安稳优渥，她对我谈起自己的打算："我努力学习，并不是为了拿到高学位留校，而是想把知识都作用到实际中去。"

采访后我们互相加了QQ，她断断续续地展示着自己的人生：研究生毕业后，亲自下到工地，把自己活成一朵铿锵玫瑰。

艺人出道，也容易被冠以"小××"的名号，以此作为快捷的营销途径。因为外形气质的相似，能迅速引起关注，打开局面。从某种程度上来说，这可能也是上天的恩赐。

章子怡也曾被媒体称呼为"小巩俐"。

那时她出道不久，作品也不多，好在长了一张极具东方韵味的电影脸，眉目间和巩俐略有几分相似。而作为前辈的巩俐，当时已家喻户晓，在国际上也闯出了些名堂。

"巩俐第二"的名号，其实就是另一种意义上的认可与接纳。

可章子怡似乎不太领情，她很严肃、认真地声明："我不是'巩俐第二'，我是章子怡第一。"

后来，章子怡参演《卧虎藏龙》，在阵容豪华的大制作里出演玉娇龙一角。导演不太看好她，一面安排她进剧组练功，一面物色人选。

章子怡不服输，憋着一股气刻苦练习、拼命背台词。拍武打戏时，章子怡被武器伤到拇指，连手指甲都被削掉，但她不吭声，而是将红肿的拇指直接插在雪里敷了一阵后，继续拍戏。

最终，玉娇龙大放光彩，章子怡也由此走上了国际舞台。

再后来，是《十面埋伏》《夜宴》《最爱》《一代宗师》，一个个经典角色填补起了她的演艺生涯。人们提起她时，会在刹那间想起她在影片中的一颦一笑，却再也不会有人称她为"巩俐第二"。

她是独一无二的，从前不曾有，未来也不会再出现。

原样复制不过是东施效颦，因为路上的每一步都被打上了鲜明的章氏烙印，那些曾被诋毁的野心和欲望、曾被赞叹的演技和美丽构建起了完整而真实的她。

绝版人生的美好之处，正在于勇敢且坚定地做自己。

但也有人，心甘情愿地做了第二个某某某。

偷来名人的一点儿光，悄悄往自己的生活中洒一洒，虚荣心能得

到满足，人生多多少少会被照亮。

张国荣去世后，某个不温不火但五官酷似他的艺人开始模仿他的一举一动。这位小生以"张国荣第二"自居，不久便惹恼粉丝，最终落寞地回归原点。

我记得很多年前，有个综艺节目的王牌环节叫作"超级明星脸"，来的都是素人，但都长了一张酷似某明星的脸，面具一揭，引发全场尖叫。

当年我是这档节目的忠实粉丝，守在电视机前观看了几百人的模仿秀。可到了今天，他们几乎所有人都销声匿迹，通过明星脸而出道走红攀上人生高峰的故事，从来都没有发生过。

一辈子活在别人的光芒下，意味着永远逃不开阴影。

《甄嬛传》里的女主角甄嬛，因为与纯元皇后的高度相似而宠冠后宫。她的皇帝丈夫把她当作第二个纯元皇后，极尽宠爱之能事。

不幸的是，甄嬛生性好强，不愿成为别人的替代品。一句"宛宛类卿"，是皇帝眼里的幸运根本，却是甄嬛心中的屈辱源头。

爱情这种事儿，讲究唯一性和排他性。当你做了他人的替代品，爱情便在不知不觉中变了质，因为所有的心动缠绵都只是镜花水月，从未真正属于你。

生活又何尝不是？

4

其实我也有过类似的困惑。

有一段时间,我刻意模仿别人的写作。

阅读低迷、心情焦躁时,我会把关注列表里的公众号一个个点开看。每看完一个,我就悲伤一阵子。

翻看甲,只觉得她幽默犀利,读者直呼酣畅淋漓;看到乙,又羡慕她文笔优美,娓娓道来好似一首诗。

我想成为她们中的任何一个,却唯独不想做自己。

后来的几十天里,我刻意学习着那些或旖旎或风趣的写法,在写作路上蹒跚向前。

结果呢,摇摆不定的文风反而引发读者的不满,阅读量一落千丈。

而这时,我猛然发现另一位相熟的作者,已不知不觉间收获了将近10万粉丝。

打开她的号一看,不由得大跌眼镜。她从不追热点,也不熬毒鸡汤,只将自己的生活娓娓道来,却在不知不觉中用文字俘获千万人。

安静悠然的文风成为她的个人标识,在喧闹嘈杂的新媒体圈反而格外引人关注,个人品牌就这样被打造出来。

我用了很长时间来反省自己,最终被简·奥斯汀的一句话说服:

"我必须保持自己的风格,继续走自己的路,虽然在这条路上我

可能永不会再获成功,我却相信在别的路上我将彻底失败。"

成功是无法复制的,能借鉴的永远是经验,而非具体做法。

人人生而不同,只有正确认识自己的志向与长处,才能规划出最适合自己的一条路,哪怕它看上去,并不是那么美好动人。

大家都只能活一次,又何必去做别人呢?

儿时羡慕白素贞，
现在只想做许仙他姐

1

那会儿还是南宋。

钱塘县不大不小，刚好载得动寻常日子的喜怒哀乐。许仙的姐姐许姣容，便在其中一户人家做了女主人。

不完全是自由恋爱，也不完全是父母包办。

那姓李的年轻小伙子也是本县人，在衙门做捕快，经常拎着剑在大街上巡逻。一身戎装穿在身上，算不上玉树临风，倒也耐看得很。

许姣容的父母都已经没了，她带着弟弟生活，不免时常上街去，买些针头线脑，也买柴米油盐，辛辛苦苦地把家撑起来。

所以常常见面，但没说过几句话，眼神交流也几乎为零。

说不清是谁先看上谁，也可能是街坊四邻有意撮合，"喂喂，李捕快，那许家姑娘不错，跟你挺配！"

李公甫也没有父母，便自己请了媒人上门提亲。许姣容半点儿也不矫情，只提了一个条件：弟弟许仙成家之前，必须跟着姐姐一起生活。

这要求不算过分，李公甫点头应下。两人择了吉日拜了天地，日子就平平淡淡地过开了。

都是寻常的饮食男女，即使红烛高照红妆俏，李公甫也只嗫嚅着说出一句："我会一辈子对你好，不讨二房，俸禄全部交给你保管。"

红盖头下的脸被烛火映得通红，许姣容的笑容羞涩而慌乱，半晌才轻声回道："我也会好生料理家务，做个贤妻良母。"

这是庄重的承诺，却不以情情爱爱来渲染。因为故事一开场，主角便直奔生活而去——像千千万万个普通男女。

许姣容的弟弟许仙，却谈了一场惊天动地的人蛇恋。

他在西湖边与白素贞一见钟情，一颗心在胸膛扑通扑通跳着，眼睛和手脚都不知该往哪儿放，心思却不自主地往姑娘那边晃。

爱情在漫天风雨中到来，十年修得同船渡，但他们有一千年的缘分。共枕眠远远不够，还有一生一世的厮守与缠绵。

读过圣贤书的许仙，这一刻却只想到了前朝的情诗，从此无心爱良夜，任他明月下西楼。

他用命中注定来安慰自己的受宠若惊,也顺理成章地入洞房开药铺,享受着爱情与婚姻带来的一切附加值。

谁料温柔美丽的娘子竟是千年蛇妖,她没有害他的心,可凡心一动,本就意味着劫数到来。

为了帮许仙开药铺,她默许小青盗库银;

为了助许仙扬名立万,她指使小青去梁王府盗宝;

为了救出被囚禁于金山寺的许仙,她水漫金山寺致使生灵涂炭……

蛇妖的爱情,建立在法力无边之上。她有资本无视人世间的规则,可风险早就在前方蠢蠢欲动。所以报恩到了最后,不得不演变为两个人的劫数。

好在,他们都甘之如饴。

有些爱如刀口舔蜜,明知刀刃锋利,却难舍蜜糖的甜美。

许姣容并不知道弟弟经历了什么,他偶有信来,说的也都是些让人振奋的好消息:

比如,娘子怀孕了,新开的保安堂生意兴隆,自己已跻身苏州名医……

她也就放下心来,一心一意操持家务。可她的丈夫,也总让她操碎一颗心。

李公甫升迁了，可倔脾气和暴性子都改不了，赶上案件频发任务繁重，他就臭着一张脸气咻咻地回家来。妻子问一句，他就不耐烦地吼回去，嘴里还嘟囔着："妇道人家懂个什么？"

许姣容也会呛上几句，然后自顾自地去烧茶炒菜。饭菜香味把生气的男人勾过来，他吃着吃着，眉头就舒展了一点点，这才把来龙去脉细细说给妻子听。

夫妻俩忧愁一番，感慨一番，又相互安慰一番，日子便在一天天的悲喜交加中飞逝而过。

终于，许仙带着媳妇回家来了。

许姣容一看就愣住了，这位弟妹惊为天人，弟弟对她呵护有加，简直就是画中走出的一对璧人。对比之下，自己的婚姻简直粗粝到无法直视。

但转念一想，自己不过中人之姿，李公甫也只是一介武夫，百样米养百样人，自然成就百样姻缘。

可那样的神仙眷侣，竟然也会有烦恼。

烦恼的名字叫人妖殊途，是一种宏大且抽象的伤感，最终指向彻彻底底的离别。

与许姣容操心的柴米油盐不可同日而语。

所以，当白素贞被关进雷峰塔时，许姣容在悲痛之余或许也有过一瞬间的庆幸——为自己和丈夫的平凡而深感庆幸。

故事驾驭不住，就会被轻易酿成事故。

4

我一直都不喜欢《新白娘子传奇》的结局。

因为走到最后的许仙和白娘子之间,再也看不到爱情的一息尚存。

出塔之后的合家欢喜,重心都在儿子许仕林的功名与婚事上。他们由相爱过的一对痴情男女,变成了许仕林的父亲和母亲。

回家后,他们没有深情对视,没有激动相拥,甚至没有单独的同框而处……

或许是青灯古佛真的磨尽了七情六欲,编剧把爱情彻底埋葬到了成仙成佛的金光闪耀里。

这样的修成正果,是功成名就的大团圆结局;可长大后细细思量,却又觉得满目苍凉。

因为曾经最相信爱情的两个人,最终却把风月情浓一笔勾销。

世间最残酷之事,莫过于亲手打破自己的信仰。

反而是最普通不过的李公甫夫妇,在吵闹与温馨中,过完了有喜有忧的一辈子。

他们一起养大两个孩子,爸爸会在吃素的日子,背着老婆给孩子偷偷买鸡腿。

每每看到这一段,总是忍俊不禁,只觉得这一家人的日子并没有因为意外而凄风苦雨。许仕林被这样一对夫妻养大,是他的幸运。

他们为女儿的终身大事焦躁不安，夜里躺在床上翻来覆去地讨论，像极了我们的爸爸妈妈。许姣容为了出走的许仕林抹眼泪时，李公甫也懂得温声细语地安慰了……

少年夫妻熬成伴儿，一生一世就在这细水长流的悲喜交替中慢慢过完。

在那个流传千古的传奇里，他们夫妻二人只是不起眼的配角，点缀着主角的繁华人生。可在他们自己的故事里，这一生一世，已经得到了最大限度的圆满。

要什么轰轰烈烈？做什么逍遥神仙？

事实上，我们中的大部分人，也都是许仙的姐姐和姐夫。

但你要记住，传奇是别人的，人生是自己的，再平凡平淡，也要认真去过。